高等院校"十三五"规划教材

GAODENG YUANXIAO SHISANWU GUIHUA JIAOCAI

DIANLI DIANZI JISHU SHIYAN JIAOCHENG

电力电子技术实验教程

主 编　陈 艳　吴 敏　沈 放

副主编　涂剑鹏　谢风连

主 审　万 彬

重庆大学出版社

内 容 提 要

本书共 3 篇:第 1 篇电力电子技术实验指导(含验证性实验和综合性实验),第 2 篇电力电子技术习题解析(含 10 个章节的学习要点、学习重点与难点、内容的归纳与总结及习题解析),第 3 篇电力电子技术自测试题及参考答案(含 10 套《电力电子技术》自测试卷及参考答案)。

本书是《电力电子技术》配套的实验指导书及其习题解析教材,可作为高等学校电气工程、自动化等相关专业本科教材和大专高职院校相关专业的教辅用书,也可作为电力电子与电力传动方向的考研参考用书。

图书在版编目(CIP)数据

电力电子技术实验教程 / 陈艳,吴敏,沈放主编. -- 重庆 : 重庆大学出版社,2017.8
ISBN 978-7-5689-0707-1

Ⅰ. ①电… Ⅱ. ①陈… ②吴… ③沈… Ⅲ. ①电力电子技术—实验—教材 Ⅳ. ①TM1-33

中国版本图书馆CIP数据核字(2017)第184275号

电力电子技术实验教程

主 编 陈艳 吴敏 沈放
主 审 万 彬
策划编辑:曾显跃

责任编辑:李定群 版式设计:曾显跃
责任校对:邹 忌 责任印制:赵 晟

*

重庆大学出版社出版发行
出版人:易树平
社址:重庆市沙坪坝区大学城西路 21 号
邮编:401331
电话:(023)88617190 88617185(中小学)
传真:(023)88617186 88617166
网址:http://www.cqup.com.cn
邮箱:fxk@ cqup.com.cn(营销中心)
全国新华书店经销
重庆市巍承印务有限公司印刷

*

开本:787mm×1092mm 1/16 印张:13.25 字数:314 千
2017 年 8 月第 1 版 2017 年 8 月第 1 次印刷
印数:1—3 000
ISBN 978-7-5689-0707-1 定价:32.00 元

前 言

　　电力电子技术是一门利用电力半导体开关器件的电力电子变换器对电能进行高效变换和控制的技术,是 20 世纪后半叶发展起来的一门崭新的技术。如今,它已发展成为一门横跨电子、电力和控制 3 个领域新型的工程技术学科。编写《电力电子技术实验教程》的目的是帮助学生更好地学习电力电子技术这门课程,实验指导部分对提高学生的实践动手能力起关键性的作用,习题解析和试卷部分帮助学生理解和巩固所学的理论知识。

　　本书共 3 篇,内容包括电力电子技术实验指导、电力电子技术习题解析和电力电子技术自测试题及参考答案。

　　本书是由南昌大学科学技术学院陈艳、吴敏、沈放任主编,涂剑鹏、谢风连任副主编。其中,陈艳编写第 1 篇实验 1—实验 4,第 2 篇第 1 章;吴敏编写第 1 篇实验 5—实验 8 及附录 1,第二篇第 3—6 章;沈放编写第 1 篇实验 9—实验 12 及附录 2,第二篇第 2 章、第 7—10 章;涂剑鹏编写第 1 篇实验 13—实验 16,第 3 篇目测试卷一—试卷五及参考答案;谢风连编写第 1 篇实验 17—实验 20,第 3 篇目测试卷六—试卷十及参考答案。同时,本书得到了南昌大学科学技术学院罗小青、吴静进、何尚平的帮助,在此表示感谢!

　　承蒙南昌职业学院万彬高级工程师对全书进行了审阅,并提出了许多宝贵的意见,特此致谢!

　　由于编者水平有限,加之编写时间仓促,书中疏漏和错误之处在所难免,敬请广大读者批评指正。

编　者

2017 年 6 月

目 录

第 1 篇　电力电子技术实验指导

实验 1　单相锯齿波移相触发电路的研究 ················· 1

实验 2　单相全波可控整流电路 ················· 3

实验 3　单相桥式半控整流电路 ················· 5

实验 4　三相桥式全控整流电路 ················· 7

实验 5　单相 SPWM 电压型逆变电路研究 ········· 9

实验 6　直流斩波电路研究 ················· 11

实验 7　单相交流调压电路 ················· 16

实验 8　单相交流调功电路 ················· 18

实验 9　半桥开关电源电路的研究 ············· 20

实验 10　晶闸管直流电机调速电路研究 ········· 22

实验 11　PWM 直流电机调速电路研究 ········· 24

实验 12　鼠笼三相异步电动机变压调速电路研究 ········ 26

实验 13　鼠笼三相异步电动机(VVVF)变频调速电路研究
········· 28

实验 14　绕线三相异步电动机串级调速电路研究 ········ 30

实验 15　带电流截止负反馈的转速负反馈直流调速系统
········· 33

实验 16　转速、电流双闭环直流调速系统 ············· 40

实验 17　转速、电流、电流变化率三闭环直流调速系统 ··· 45

实验 18　转速、电流、电压三闭环直流调速系统 ········ 49

实验 19　转速、电流双闭环控制的鼠笼转子异步电动机变压
调速系统 ············· 53

实验 20　转速、电流双闭环控制的绕线转子异步电动机串级
调速系统 ············· 59

附录 1　实验注意事项 ················· 65

附录 2　电枢回路 R、L 参数及时间常数 T_e、T_m 的实验测定
················· 66

第 2 篇　电力电子技术习题解析

第 1 章　绪论 ················· 70

学习指导 ················· 70

第 2 章　电力电子器件 ················· 73

学习指导 ················· 73

习题解析 ················· 76

1

第3章 直流-直流变换电路 ………………………… 80
学习指导 ……………………………………………… 80
习题解析 ……………………………………………… 82

第4章 逆变电路 …………………………………… 90
学习指导 ……………………………………………… 90
习题解析 ……………………………………………… 91

第5章 整流电路 …………………………………… 95
学习指导 ……………………………………………… 95
习题解析 ……………………………………………… 97

第6章 交流-交流变换电路 ……………………… 113
学习指导 ……………………………………………… 113
习题解析 ……………………………………………… 115

第7章 PWM控制技术 …………………………… 119
学习指导 ……………………………………………… 119
习题解析 ……………………………………………… 121

第8章 软开关技术 ………………………………… 125
学习指导 ……………………………………………… 125
习题解析 ……………………………………………… 126

第9章 电力电子器件应用的共性问题 ………… 128
学习指导 ……………………………………………… 128
习题解析 ……………………………………………… 129

第10章 电力电子技术的典型应用 ……………… 133
学习指导 ……………………………………………… 133
习题解析 ……………………………………………… 135

附录 电力电子技术抽样考核题集 ……………… 141

第3篇 电力电子技术自测试题及参考答案

《电力电子技术》自测试卷一 ……………………… 147
《电力电子技术》自测试卷二 ……………………… 149
《电力电子技术》自测试卷三 ……………………… 151
《电力电子技术》自测试卷四 ……………………… 153
《电力电子技术》自测试卷五 ……………………… 155
《电力电子技术》自测试卷六 ……………………… 157
《电力电子技术》自测试卷七 ……………………… 159
《电力电子技术》自测试卷八 ……………………… 161
《电力电子技术》自测试卷九 ……………………… 163
《电力电子技术》自测试卷十 ……………………… 165
《电力电子技术》自测试卷一参考答案 …………… 168
《电力电子技术》自测试卷二参考答案 …………… 172
《电力电子技术》自测试卷三参考答案 …………… 176
《电力电子技术》自测试卷四参考答案 …………… 179

《电力电子技术》自测试卷五参考答案 …………………… 182

《电力电子技术》自测试卷六参考答案 …………………… 185

《电力电子技术》自测试卷七参考答案 …………………… 189

《电力电子技术》自测试卷八参考答案 …………………… 193

《电力电子技术》自测试卷九参考答案 …………………… 196

《电力电子技术》自测试卷十参考答案 …………………… 199

参考文献 ………………………………………………… 202

第 **1** 篇
电力电子技术实验指导

实验1　单相锯齿波移相触发电路的研究

(1)实验目的

①了解锯齿波移相触发电路的工作原理。

②了解锯齿波移相触发电路的一般特点。

(2)实验内容

用示波器观察触发电路各测试点,记录各点波形,分析电路的工作原理。

(3)实验设备与仪器

①"触发电路挂箱Ⅰ(DST01)"——DT02 单元。

②"电源及负载挂箱Ⅰ(DSP01)"或者"电力电子变换技术挂箱Ⅱa(DSE03)"——DP01 单元。

③慢扫描双踪示波器、数字万用表等测试仪器。

(4)实验电路的组成及实验操作

1)实验电路的组成

集成单相锯齿波移相触发电路的面板布置如图 1.1.1 所示,图中给出了集成电路的内部原理示意图。集成电路由同步检测电路、锯齿波形成电路、偏移电路、移相电压以及锯齿波电压综合比较放大电路和功率放大电路组成。

2)实验操作

打开系统总电源,系统工作模式设置为"电力电子"。将主电源电压选择开关置于"1"的位置,即将主电源相电压设定为 220 V;取出主电路的一路输出"U"和输出中线"L01"连接到

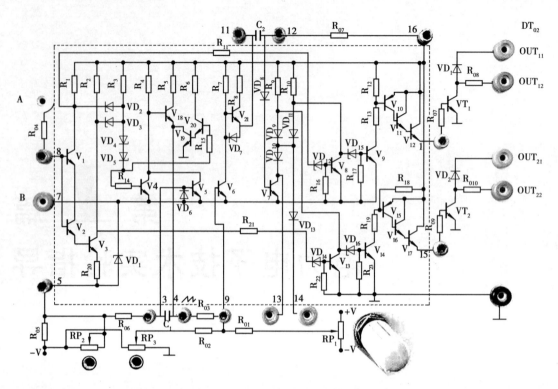

图 1.1.1　集成单相锯齿波移相触发电路

"DP01"单元隔离变压器的交流输入端"U"和"L01";"DP01"单元的同步信号输出端"A"和"B"连接到锯齿波移相触发电路(DT02)的同步信号输入端"A"和"B"。然后依次闭合控制电路、挂箱上的电源开关以及主电路。调节 DT02 单元的移相控制电位器"RP_1",用示波器分别观测触发器单元各测试点,并记录各点波形,参考教材相关章节的内容,分析电路工作原理。实验完毕后,依次切断主电路、挂箱电源开关、控制电路以及系统总电源开关,最后拆除实验导线。

(5)**实验报告**

①观察并记录触发电路各测试点的电压波形。

②分析触发电路的组成和工作原理。

③分析锯齿波触发电路与单结晶体管触发电路的区别。

实验 2　单相全波可控整流电路

（1）实验目的

①掌握单相全波可控整流电路的基本组成和工作原理。

②熟悉单相半全波可控整流电路的基本特性。

（2）实验内容

验证单相全波可控整流电路的工作特性。

（3）实验设备与仪器

①"电力电子变换技术挂箱Ⅱa（DSE03）"——DE08、DE09 单元。

②"触发电路挂箱Ⅰ（DST01）"——DT02 单元。

③"电源及负载挂箱Ⅰ（DSP01）"或"电力电子变换技术挂箱Ⅱa（DSE03）"——DP01、DP02 单元。

④慢扫描双踪示波器、数字万用表等测试仪器。

（4）实验电路的组成及实验操作

1）实验电路的组成

实验电路主要由触发电路、脉冲隔离、功率开关（晶闸管）、电源及负载组成。主电路原理示意图如图 1.2.1 所示。单相全波可控整流电路又称单相双半波可控整流电路，它采用带中心抽头的电源变压器配合两只晶闸管形成全波可控整流电路。就其输入输出特性而言与桥式全控整流电路类似，区别在于电源变压器的结构、晶闸管上的耐压以及整流电路的管压降大小。其电路自身特点决定了单相全波整流电路适合应用于低输出电压的场合。

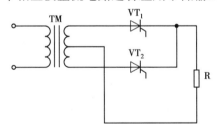

图 1.2.1　单相全波可控整流电路示意图

2）实验操作

打开系统总电源，系统工作模式设置为"电力电子"。将主电源面板上的电压选择开关置于"1"的位置，即主电源相电压输出设定为 220 V。按如图 1.2.2 所示完成实验接线。将 DT02 单元的控制电位器逆时针旋到头，经指导教师检查无误后，可上电开始实验。依次闭合控制电路、挂箱上的电源开关、主电路；用示波器监测负载电阻两端的波形，顺时针缓慢调节 DT02 单元的控制电位器，观察并记录负载电压波形及变化情况，分析电路工作原理。实验完毕后，依次关闭系统主电路、挂箱上的电源开关、控制电路以及系统总电源。

（5）实验报告

①通过实验，分析单相全波可控整流电路的工作原理和工作特性。

②拟订数据表格，分析实验数据。

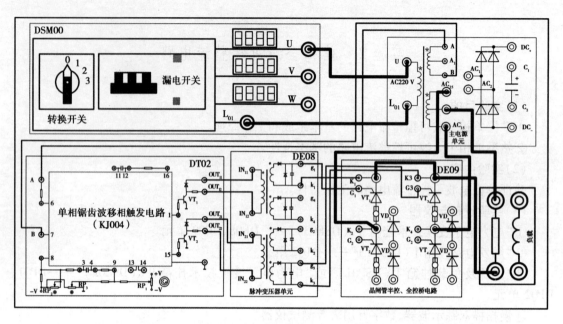

图 1.2.2 单相锯齿波移相触发的单相全波可控整流电路

③观察并绘制有关实验波形。

a. 带电阻负载时的整流电压波形。

b. 带电阻串联大电感负载时的整流电压波形。

实验3　单相桥式半控整流电路

（1）实验目的

①掌握单相桥式半控整流电路的基本组成。

②熟悉单相桥式半控整流电路的基本特性。

（2）实验内容

验证单相桥式半控整流电路的工作特性。

（3）实验设备与仪器

①"电力电子变换技术挂箱Ⅱa（DSE03）"——DE08、DE09单元。

②"触发电路挂箱Ⅰ（DST01）"——DT02单元。

③"电源及负载挂箱Ⅰ（DSP01）"或"电力电子变换技术挂箱Ⅱa（DSE03）"——DP01、DP02单元。

④慢扫描双踪示波器、数字万用表等测试仪器。

（4）实验电路的组成及实验操作

1）实验电路的组成

实验电路主要由触发电路、脉冲隔离、功率开关（晶闸管）、续流二极管、电源及负载组成。主电路原理如图1.3.1所示。半控整流电路是全控整流电路的简化，单相全控整流电路采用两只晶闸管来限定一个方向的电流流通路径。实际上，每个支路只要有一个晶闸管来限定电流路径对于可控整流电路来说就可以满足要求，于是将全控桥电路中的上半桥或者下半桥的一对管替换成二极管，就构成了单相半控整流电路。

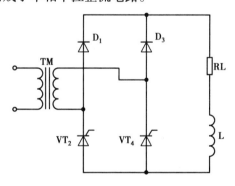

图1.3.1　单相桥式半控整流电路示意图

2）实验操作

打开系统总电源,将系统工作模式设置为"电力电子"。且将主电源面板上的电压选择开关置于"1"的位置,即主电源相电压输出设定为220 V。按如图1.3.2所示完成实验接线。将DT02单元的控制电位器逆时针旋到头,经指导教师检查无误后,可上电开始实验。依次闭合控制电路、挂箱上的电源开关、主电路;用示波器监测负载电阻两端的波形,顺时针缓慢调节DT02单元的控制电位器,观察并记录负载电压波形及变化情况,分析电路工作原理。依次关断系统主电路、挂箱上的电源开关、控制电路电源;将负载换成电阻串联大电感,在负载两端反向并联续流二极管,并且上电,重复上述操作,观察并记录负载电压波形。实验完毕后,依次关断系统主电路、挂箱电源开关、控制电路以及系统总电源。

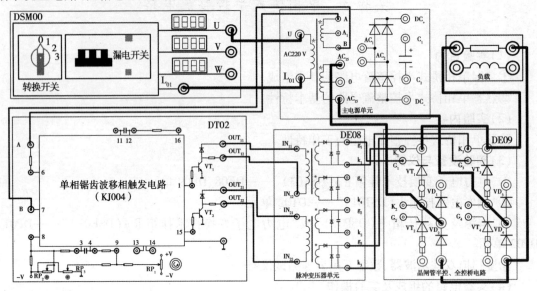

图 1.3.2 锯齿波触发单相桥式半控整流电路

(5)实验报告

①通过实验,分析单相半控整流电路的工作特性和工作原理。

②拟订数据表格,分析实验数据。

③观察并绘制有关实验波形。

a. 带电阻负载时的整流电压波形。

b. 带电阻串联大电感负载时的整流电压波形。

④分析电感负载并联反向续流二极管的作用。

实验4 三相桥式全控整流电路

(1)实验目的

①掌握三相桥式全控整流电路的基本组成和工作原理。

②熟悉三相桥式全控整流电路的基本特性。

(2)实验内容

①验证三相桥式全控整流电路的工作特性。

②验证不同负载对整流输出电压波形的影响。

(3)实验设备与仪器

①"电力电子变换技术挂箱Ⅳ(DSE05)"或"可控硅主电路挂箱(DSM01)"——DM01单元。

②"触发电路挂箱Ⅱ(DST02)"——DT04单元。

③主控"信号检测电路"——DD05单元。

④"电源及负载挂箱Ⅰ(DSP01)"——DP03单元(灯泡负载)。

⑤主控"电机接口电路"——DD11、DD16单元(电阻和电感负载)。

⑥慢扫描双踪示波器、数字万用表等测试仪器。

(4)实验电路的组成及实验操作

1)实验电路的组成

实验电路主要由触发电路、脉冲隔离、功率开关(晶闸管)、电源及负载组成。负载选择灯泡或者电阻要根据设备配置情况而定。三相全控桥主电路包含6只晶闸管,在工作时,同时有不处在同一相上的两只管导通,每隔60°会有一次换相,输出电压在每个交流电源周期内会有6次相同的脉动,就输出电压纹波而言,较三相半波可控整流电路小一半。其示意图如图1.4.1所示。

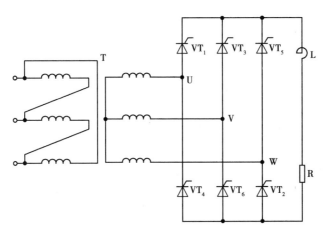

图1.4.1 三相桥式全控整流电路示意图

2)实验操作

打开系统总电源,系统工作模式设置为"电力电子"。将主电源面板上的电压选择开关置于"1"的位置,即主电源相电压输出设定为 52 V。按如图 1.4.2 所示完成实验接线。将 DG01 单元的正给定电位器逆时针旋到头,经指导教师检查无误后,可上电开始实验。依次闭合控制电路、挂箱上的电源开关;将 DT04 单元脉冲的初始相位整定到 $\alpha = 120°$ 的位置,闭合主电路;用示波器监测负载电阻两端的波形,顺时针缓慢调节 DG01 单元的正给定电位器,观察并记录负载电压波形跟随 α 的变化情况,分析电路工作原理。实验完毕后,依次断开系统主电路、挂箱上的电源开关、控制电路;改变负载特性,将电 DD11 单元的电感 L_1 串入负载回路,重复实验,记录负载电压波形跟随 α 的变化情况。若系统配有直流电动机,还可将电动机作为负载,重复上述实验操作,记录相关波形。实验完毕后,依次断开系统主电路、挂箱上的电源开关、控制电路以及系统总电源。

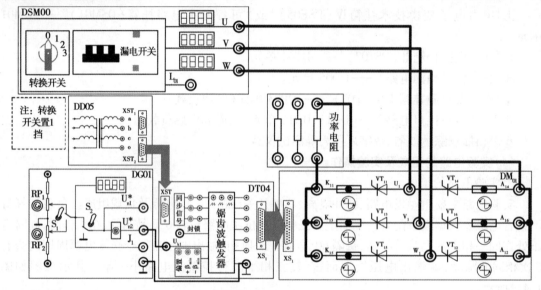

图 1.4.2 锯齿波移相触发的三相桥式全控整流电路

(5)实验报告

①通过实验,分析三相桥式全控整流电路的工作特性及工作原理。

②拟订数据表格,分析实验数据。

③观察并绘制有关实验波形。

a. 带电阻负载时的整流电压波形。

b. 带电阻串联大电感负载时的整流电压波形。

c. 带反电动势(电动机)负载时的整流电压波形。

④分析三相全控整流电路与三相半控整流电路的区别。

实验 5　单相 SPWM 电压型逆变电路研究

（1）实验目的

①掌握单相 SPWM 逆变电路的基本组成。

②熟悉单相 SPWM 逆变电路的基本特性。

（2）实验内容

①验证单相 SPWM 逆变电路的工作特性。

②观测单相 SPWM 逆变电路的工作波形。

（3）实验设备与仪器

①"触发电路挂箱Ⅰ（·DST01）"——DT03 单元。

②"电源及负载挂箱Ⅰ（DSP01）"或"电力电子变换技术挂箱Ⅱa（DSE03）"——DP01、DP02 单元。

③"电力电子变换技术挂箱Ⅱa（DSE03）"——DE10、DE11 单元。

④慢扫描双踪示波器、数字万用表等测试仪器。

（4）实验电路的组成及实验操作

1）实验电路的组成

实验电路主要由单相 SPWM 波形发生器、光电隔离驱动、功率开关器件（MOSFET）组成的单相全桥电路、直流电源及负载组成。

2）实验操作

打开系统总电源，系统工作模式设置为"电力电子"。将主电源面板上的电压选择开关置于"1"的位置，即主电源相电压输出设定为 220 V。按如图 1.5.1 所示完成实验接线。将 DT03 单元的钮子开关 S_1 拨向上，波形发生器设置为 SPWM 工作模式；调解电位器 RP_3，设置

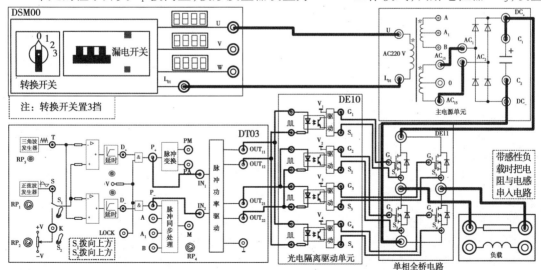

图 1.5.1　单相 SPWM 逆变电路实验研究

三角波发生器的输出频率为 1 kHz;并将正弦波给定电位器 RP_1 逆时针旋到头(正弦波频率为0),经指导教师检查无误后,可上电开始实验。依次闭合控制电路、挂箱上的电源开关,最后闭合主电路;用示波器监测负载电阻两端的波形,顺时针缓慢调节 RP_1,观察并记录负载电压波形的变化情况,分析电路工作原理。实验完毕后,依次断开系统主电路、挂箱上的电源开关、控制电路以及系统总电源。

(5)实验报告

①通过实验,掌握单相 SPWM 逆变电路的工作特性。

②观察并绘制有关实验波形。

实验 6　直流斩波电路研究

Buck 变换电路研究

（1）**实验目的**

①掌握 Buck 变换电路的基本组成和工作原理。

②熟悉 Buck 变换电路的基本特性。

（2）**实验内容**

验证 Buck 变换电路的工作特性。

（3）**实验设备与仪器**

①"电力电子变换技术挂箱Ⅱ（DSE03）"——DE05、DE10 单元。

②"触发电路挂箱Ⅰ（DST01）"——DT03 单元。

③"电源及负载挂箱Ⅰ（DSP01）"或"电力电子变换技术挂箱Ⅱa（DSE03）"——DP01、DP02 单元。

④慢扫描双踪示波器、数字万用表等测试仪器。

（4）**实验电路的组成及实验操作**

1）实验电路的组成

实验电路主要由 PWM 波形发生器、光电隔离驱动、功率开关器件、电源及负载组成。Buck 电路的主电路拓扑结构如图 1.6.1 所示。它是基本斩波电路的一个典型电路，可实现降压调节。

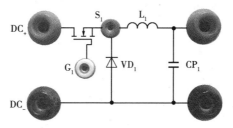

图 1.6.1　Buck 电路拓扑图

2）实验操作

打开系统总电源，系统工作模式设置为"电力电子"。将主电源面板上的电压选择开关置于"1"的位置，即主电源相电压输出设定为 220 V。按如图 1.6.2 所示完成实验接线。将 DT03 单元的模式开关 S_1 拨向下，波形发生器设定为 PWM 工作模式；调解电位器 RP_3，设置三角波发生器的输出频率为 5 kHz；模式开关 S_2 拨向上（占空比在 1% ~90% 可调），将脉宽控制电位器 RP_2 逆时针调到头，此时占空比设定为最小值；经指导教师检查无误后，闭合总电源开始实验。依次闭合控制电路、挂箱上的电源开关、主电路；用示波器监测负载电阻两端的波形，顺时针缓慢调节 DT02 单元的控制电位器，观察并记录负载及各测试点电压波形及变化情况，分析电路工作原理。实验完毕后，依次关闭系统主电路、挂箱上的电源开关、控制电路以及系统总电源。

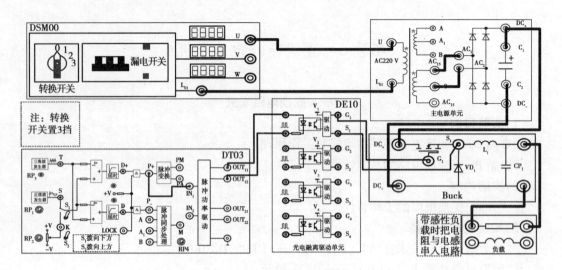

图 1.6.2　Buck 变换电路实验研究

（5）实验报告

①通过实验，分析 Buck 电路的工作特性及工作原理。

②观察并绘制有关实验波形。

Boost 变换电路研究

（1）实验目的

①掌握 Boost 变换电路的基本组成和工作原理。

②熟悉 Boost 变换电路的基本特性。

（2）实验内容

验证 Boost 变换电路的工作特性。

（3）实验设备与仪器

①"电力电子变换技术挂箱Ⅱ（DSE03）"——DE05、DE10 单元。

②"触发电路挂箱Ⅰ（DST01）"——DT03 单元。

③"电源及负载挂箱Ⅰ（DSP01）"或"电力电子变换技术挂箱Ⅱa（DSE03）"——DP01、DP02 单元。

④慢扫描双踪示波器、数字万用表等测试仪器。

（4）实验电路的组成及实验操作

1）实验电路的组成

实验电路主要由 PWM 波形发生器、光电隔离驱动、功率开关器件、电源及负载组成。Boost 电路的主电路拓扑结构如图 1.6.3 所示。它是基本斩波电路的一个典型电路，可实现升压，主要用在有源功率因数校正中。

2）实验操作

打开系统总电源，系统工作模式设置为"电力电子"。将主电源面板上的电压选择开关置于"1"的位置，即主电源相电压输出设定为 220 V。按如图 1.6.4 所示完成实验接线。将 DT03 单元的模式开关 S_1 拨向下，波形发生器设定为 PWM 工作模式；调解电位器 RP_3，将三角

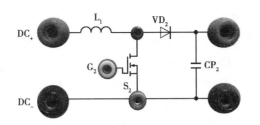

图1.6.3　Boost电路拓扑结构图

波发生器的输出频率为5 kHz;模式开关S_2拨向下(占空比在1%~45%可调),将脉宽控制电位器RP_2逆时针调到头,此时占空比设定为最小值;经指导教师检查无误后,闭合总电源开始实验。依次闭合控制电路、挂箱上的电源开关、主电路;用示波器监测负载电阻两端的波形,顺时针缓慢调节DT02单元的控制电位器,观察并记录负载及各测试点电压波形及变化情况,分析电路工作原理。实验完毕后,依次关闭系统主电路、挂箱上的电源开关、控制电路以及系统总电源。

(5)实验报告

①通过实验,分析Boost电路的工作特性和工作原理。

②观察并绘制有关实验波形。

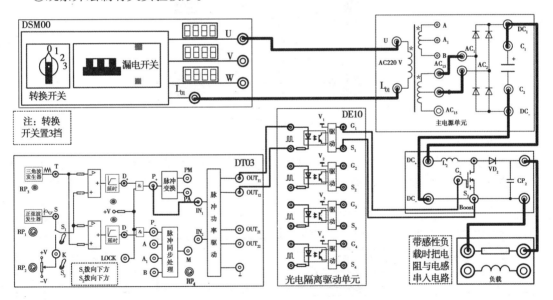

图1.6.4　Boost变换电路实验研究

Buck-Boost 变换电路研究

(1)实验目的

①掌握Buck-Boost变换电路的基本组成和工作原理。

②熟悉Buck-Boost变换电路的基本特性。

(2)实验内容

验证Buck-Boost变换电路的工作特性。

（3）实验设备与仪器

①"电力电子变换技术挂箱Ⅱa（DSE03）"——DE05、DE10 单元。

②"触发电路挂箱Ⅰ（DST01）"——DT03 单元。

③"电源及负载挂箱Ⅰ（DSP01）"或"电力电子变换技术挂箱Ⅱa（DSE03）"——DP01、DP02 单元。

④慢扫描双踪示波器、数字万用表等测试仪器。

（4）实验电路的组成及实验操作

1）实验电路的组成

实验电路主要由 PWM 波形发生器、光电隔离驱动、功率开关器件、电源及负载组成。Buck-Boost 电路的主电路拓扑结构如图 1.6.5 所示。它是基本斩波电路的一个典型电路，可实现升、降压斩波控制。在电路中，电感 L3 和电容 CP_3 的值都很大，故电感中的电流和电容两端的电压在一个开关周期内可近似认为恒定，于是电路的输入电压 E，输出电压 U_o，导通占空比 α 之间满足关系

$$U_o = \frac{\alpha}{1-\alpha}E$$

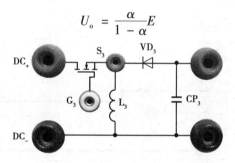

图 1.6.5　Buck-Boost 电路拓扑结构图

2）实验操作

打开系统总电源，系统工作模式设置为"电力电子"。将主电源面板上的电压选择开关置于"1"的位置，即主电源相电压输出设定为 220 V。按如图 1.6.6 所示完成实验接线。将

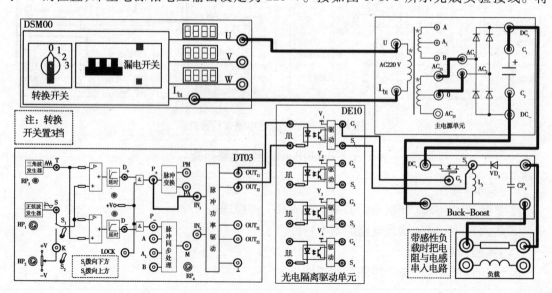

图 1.6.6　Buck-Boost 变换电路实验研究

DT03 单元的模式开关 S_1 拨向下,波形发生器设定为 PWM 工作模式;调解电位器 RP_3,设置三角波发生器的输出频率为 5 kHz;模式开关 S_2 拨向上(占空比在 1% ~90% 可调),将脉宽控制电位器 RP_2 逆时针调到头,此时占空比设定为最小值;经指导教师检查无误后,可上电开始实验。依次闭合控制电路、挂箱上的电源开关、主电路;用示波器监测负载电阻两端的波形,顺时针缓慢调节 DT02 单元的控制电位器,观察并记录负载及各测试点电压波形及变化情况,分析电路工作原理。实验完毕后,依次关闭系统主电路、挂箱上的电源开关、控制电路以及系统总电源。

(5)**实验报告**

①通过实验,分析 Buck-Boost 电路的工作特性及工作原理。

②观察并绘制有关实验波形。

实验 7　单相交流调压电路

（1）实验目的

①掌握单相交流调压电路的基本组成和工作原理。

②熟悉单相交流调压电路的基本特性。

（2）实验内容

①验证单相交流调压电路的工作特性。

②观测单相交流调压电路的工作波形。

（3）实验设备与仪器

①"电力电子变换技术挂箱Ⅱa（DSE03）"——DE08、DE09 单元。

②"触发电路挂箱Ⅰ（DST01）"——DT02 单元。

③"电源及负载挂箱Ⅰ（DSP01）"或"电力电子变换技术挂箱Ⅱa（DSE03）"——DP01、DP02 单元。

④慢扫描双踪示波器、数字万用表等测试仪器。

（4）实验电路的组成及实验操作

1）实验电路的组成

实验电路主要由双向晶闸管（以两个反并联单向晶闸管替代）、交流电源、单相锯齿波移相触发器、脉冲隔离以及负载组成。在电源的正半周期，当触发信号到来时，正方向的晶闸管具备条件开通，在电源的过零点自然关断；进入电源的负半个周期，当触发脉冲到来时，反方向的晶闸管具备条件而开通，在电源再次过零时自然关断；如此，只要控制晶闸管的导通时间，就能够控制正负半周的导通时间，从而达到调压的目的。

2）实验操作

打开系统总电源，系统工作模式设置为"电力电子"。将主电源面板上的电压选择开关置于"1"的位置，即主电源相电压输出设定为 220 V。按如图 1.7.1 所示完成实验接线。将DT02 单元的移相控制电位器 RP$_1$ 逆时针旋到头；经指导教师检查无误后，可上电开始实验。依次闭合控制电路、挂箱上的电源开关，最后闭合主电路；用示波器监测负载电阻两端的波形，顺时针缓慢调节 RP$_1$，观察并记录负载电压波形的变化情况，分析电路工作原理。将电阻负载后串入一个电感负载重复上述步骤，分析在感性负载下电路的工作情况。实验完毕后，依次断开系统主电路、挂箱上的电源开关、控制电路以及系统总电源。

（5）实验报告

①通过实验，分析单相交流调压电路的工作原理和工作特性。

②分析不同负载性质对电路的输出波形的影响。

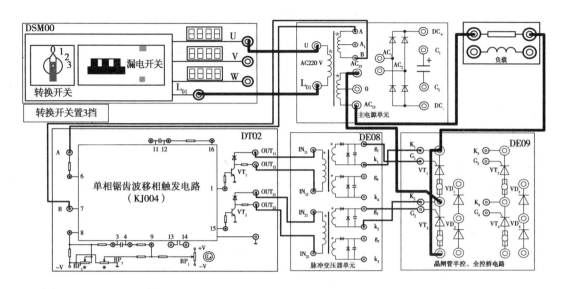

图 1.7.1 单相交流调压电路

实验 8　单相交流调功电路

(1)实验目的

①掌握单相交流调功电路的基本原理和组成。

②熟悉单相交流调功电路的基本工作特性。

(2)实验内容

①验证单相交流调功电路的工作特性。

②观测单相交流调功电路的工作波形。

(3)实验设备与仪器

①"电力电子变换技术挂箱Ⅱa(DSE03)"——DE08、DE09 单元。

②"触发电路挂箱Ⅰ(DST01)"——DT03 单元。

③"电源及负载挂箱Ⅰ(DSP01)"或"电力电子变换技术挂箱Ⅱa(DSE03)"——DP01、DP02 单元。

④慢扫描双踪示波器、数字万用表等测试仪器。

(4)实验电路的组成及实验操作

1)实验电路的组成

实验电路主要由双向晶闸管(以反并联单向晶闸管替代)、单相交流电源、可调同步脉冲列发生器、脉冲隔离以及负载组成。交流调功电路是以交流电源周波数为单位进行控制的。其主电路形式与交流调压电路没有区别,只是控制方式不同。电路不是在交流电源的每个周期内对输出电压波形进行控制,而是让电源几个周期通过负载,再断开几个周期,周而复始,通过改变周期数的比值来调节负载消耗的平均功率。正因为电路直接控制输出的平均功率,故称为交流调功电路。这种控制方式主要应用于时间常数大、没必要频繁控制的场合。

2)实验操作

打开系统总电源,系统工作模式设置为"电力电子"。将主电源面板上的电压选择开关置于"1"的位置,即主电源相电压输出设定为 220 V。按如图 1.8.1 所示完成实验接线。将DT03 模式开关 S_1 拨向下方;调节脉宽控制电位器 RP_2,逆时针调节电位器,占空比设定为10%;开通时间控制电位器 RP_4 逆时针旋到头;经指导教师检查无误后,可上电开始实验。依次闭合控制电路、挂箱上的电源开关,最后闭合主电路;用示波器监测负载两端的波形,顺时针缓慢调节给定电位器 RP_4,观察并记录负载电压波形的变化情况,分析电路工作原理。实验完毕后,依次断开系统主电路、挂箱上的电源开关、控制电路以及系统总电源。

(5)实验报告

①通过实验,掌握三相交流调压电路的工作原理和工作特性。

②分析不同负载性质对电路的输出波形的影响。

③记录不同工作状态下的输出电压波形。

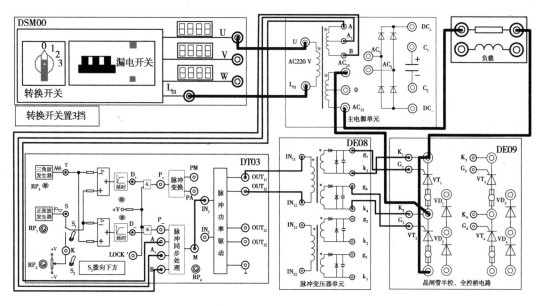

图 1.8.1 单相交流调功电路

实验9　半桥开关电源电路的研究

（1）**实验目的**

①了解半桥开关电源电路的基本原理。

②了解 SG3525 的控制方式和工作原理。

（2）**实验内容**

观测半桥开关电源电路的工作特性。

（3）**实验设备与仪器**

①"电力电子变换技术挂箱Ⅲ（DSE04）"——DE13 单元。

②"电源及负载挂箱Ⅰ（DSP01）"或"电力电子变换技术挂箱Ⅱa（DSE03）"——DP01、DP02 单元。

③慢扫描双踪示波器、数字万用表等测试仪器。

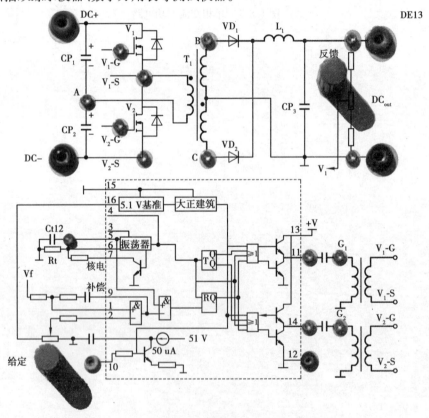

图 1.9.1　半桥型开关稳压电源(SPS)电路

（4）**实验电路的组成及实验操作**

1）实验电路的组成

实验电路比较简单，主要由半桥开关稳压电源（SPS）单元（见图 1.9.1）和直流电源及负载组成。实验接线图如图 1.9.2 所示。认真预习与本实验相关的教材内容，参考教材和挂箱

"电力电子技术挂箱Ⅲ（DE04）"完成本实验。

2）实验操作

打开系统总电源，系统工作模式设置为"电力电子"。将主电源面板上的电压选择开关置于"1"的位置，即主电源相电压输出设定为 220 V。按如图 1.9.2 所示完成实验接线。将 DE13 单元的给定电位器逆时针旋转至零，反馈电位器顺时针旋转至最大。经实验指导老师检查无误后，打开总电源开关，依次闭合控制电路、主电路。缓慢增大给定电压并适当减小反馈量，观测电路中各测试点的波形并作记录。实验完毕后，依次闭合主电路、控制电路，最后关闭总电路开关。

注意：不能用示波器同时观测两个 MOSFET 的波形，否则会造成短路，严重损坏实验装置。

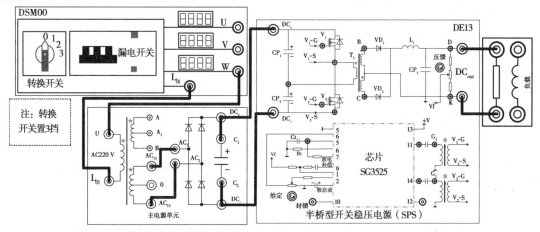

图 1.9.2　半桥型开关电源电路

（5）实验报告

①通过实验，分析半桥开关稳压电源工作特性及工作原理。

②整理实验中的数据波形。

实验 10　晶闸管直流电机调速电路研究

（1）**实验目的**

①进一步了解晶闸管三相整流电路的工作原理。

②熟悉晶闸管三相整流电路的应用。

（2）**实验内容**

用示波器观测在电动机负载下晶闸管整流输出电压并记录波形。

（3）**实验设备与仪器**

①"触发电路挂箱Ⅱ"或"触发电路挂箱Ⅱa"（DST02）——DT04 单元。

②"给定单元挂箱（DSG01）"或"给定及调节器挂箱（DSG02）"——DG01 单元。

③三相同步变压器 DD05 单元。

④慢扫描双踪示波器、数字万用表等测试仪器。

⑤直流电动机、光电编码器（若已配）机组。

（4）**实验电路的组成及实验操作**

1）实验电路的组成

实验电路控制部分的组成与整定和电力电子实验 4"三相桥式全控整流电路"触发电路一样。可参考完成本实验。主电路接线如图 1.10.1 所示。

2）实验操作

按如图 1.10.1 所示接线，经老师检查无误后，闭合控制电路，检查控制各电路工作完好。将实验台工作模式选择开关切换至"直流调速"挡；电压挡选择 1，即相电压为 52 V；闭合主电路。缓慢增加给定电压，用示波器观测晶闸管整流输出装置电压波形并记录。观察电机启动

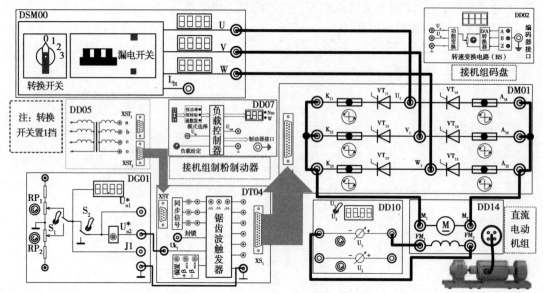

图 1.10.1　晶闸管直流电机调速电路

过程。实验完毕后,依次断开主电路、控制电路,最后关闭总电源。

(5)**实验报告**

①分析电路工作过程及原理。

②绘制晶闸管整流装置在感性负载下的整流输出波形。

实验 11　PWM 直流电机调速电路研究

（1）实验目的

①了解"单相脉宽控制器（PWM）"的工作原理及其在"脉宽调制（PWM）直流调速系统"中的作用。

②了解"脉宽调制（PWM）直流调速系统"的组成及其工作原理。

③了解"双极式和受限单极式"两类 PWM 直流调速系统的组成及特性。

④分析、讨论"PWM 可逆直流调速系统"的动、静态特性。

（2）实验内容

①"单相脉宽控制器（PWM）"的工作原理及其特性的实验研究。

②"双极式和受限单极式脉宽调制（PWM）直流调速系统"的工作原理及其特性的实验研究。

③"转速、电流双闭环控制的脉宽调制（PWM）可逆直流调速系统"的组成及其动、静态特性的分析及研究。

（3）实验设备与仪器

①综合实验台主体（主控箱）及其主控电路、转速变换电路（DD02）。

②"IPM 主电路挂箱（DSM02）"及"触发电路挂箱（DST02）"——DT06。

③"给定单元挂箱（DSG01）"——DG01。

④直流电动机。

⑤慢扫描双踪示波器、数字万用表等测试仪器。

（4）实验电路的组成及实验操作

1）实验电路的组成

"脉宽控制调速系统"的主电路采用脉宽调制式变换器，简称 PWM 变换器。由其组成的各类调速系统及其静、动态特性与前述"晶闸管-电动机"直流调速系统基本相同。"PWM 变换器"的关键在于主电路采用全控型器件（GTO、GTR、IGBT、P-MOSFET 等），并由"脉宽调制器"控制其"导通与截止"，即通过控制脉冲的"占空比 ρ"将直流电压源调制成宽度可调的较高频率的"等幅脉冲源"给直流电动机供电，以实现直流电动机的转速调节。

本实验由"IPM 智能三相逆变桥功率模块"的 U、V 两路，即 4 个 IGBT（1、3、4、6）和 4 个续流二极管组成 H 型桥式电路。H 型变换器在控制方式上分"双极式""单极式""受限单极式"3 种。实验中，可通过"DST02"挂箱"单相脉宽调制器（DT06）"单元的面板开关，经"单（受限单极式）""双（双极式）"切换选择两种控制方式之一。DT06 单元面板图如图 1.11.1 所示。

2）实验操作

打开系统总电源，系统工作模式设置为"直流调速"。将主电源面板上的电压选择开关置于"1"的位置，即主电源相电压输出设定为 52 V。按如图 1.11.2 所示实验接线。将 DG01 单元积分给定端给 DT06 的输入端，并适当地调整积分低利率。将阶跃开关拨向上方，正、负给定电位器逆时针旋到零；经指导教师检查无误后，可上电开始实验。依次闭合控制电路、挂箱上的电源开关；用示波器观测 DT06 单元分别在"单极式"和"双极式"方式下 A_+、A_-、B_+、B_-

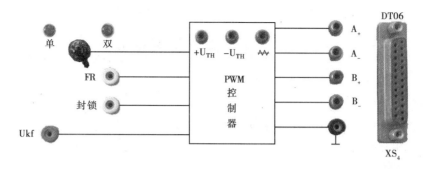

图1.11.1 单相脉宽控制器(PWM)

的输出波形是否正确,之后闭合主电路;分别在"单极式"和"双极式"方式下缓慢正向给定电压,观察电机运行情况;缓慢减小给定电位器到零。将DG01极性开关拨到负,再缓慢负向给定电压,观察电机运行情况;参考教材或本实验台《直流调速实验指南》中"脉宽调制(PWM)直流调速系统的研究"分析电路工作原理。实验完毕后,依次断开系统主电路、挂箱上的电源开关、控制电路以及系统总电源。

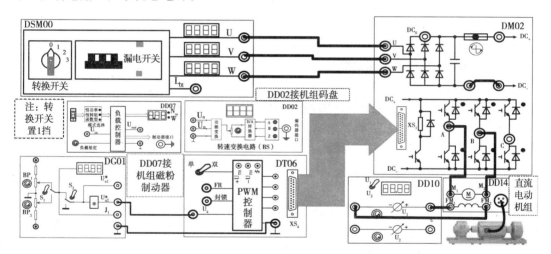

图1.11.2 PWM直流电机调速电路研究

(5)实验报告

通过实验,掌握"脉宽调制(PWM)直流调速系统"的工作原理和工作特性。

实验 12　鼠笼三相异步电动机变压调速电路研究

（1）实验目的

①进一步了解三相交流调压电路的基本原理和组成。

②熟悉三相交流调压电路的应用。

（2）实验内容

了解三相交流调压电路在异步电动机负载下的工作过程。

（3）实验设备与仪器

①"触发电路挂箱Ⅱ（DST02）"——DT04 单元。

②主控"信号检测电路"——DD05 单元(同步信号)。

③"给定单元挂箱（DSG01）"或"给定及调节器挂箱（DSG02）"——DG01 单元。

④"可控硅主电路挂箱（DSM01）"——DM01 单元。

⑤三相异步电动机、光电编码器机组。

⑥慢扫描双踪示波器、数字万用表等测试仪器。

（4）实验电路的组成及实验操作

1）实验电路的组成

实验电路的组成除负载部分外其他部分都与电力电子实验——"三相交流调压电路"实验一样。可参考完成本实验。实验接线图如图 1.12.1 所示。

2）实验操作

打开系统总电源,系统工作模式设置为"交流调速"。将主电源面板上的电压选择开关置于"1"的位置,即主电源相电压输出设定为 52 V。按如图 1.12.1 所示完成实验接线。将 DG01 单元的极性开关和阶跃开关都拨向上方,正给定电位器 RP$_1$ 逆时针旋至输出为零;经指导教师检查无误后,上电开始实验。依次闭合控制电路、挂箱上的电源开关;将 DT04 单元输

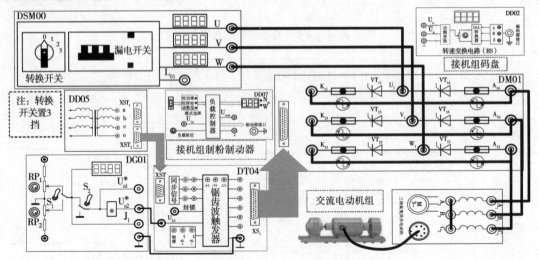

图 1.12.1　鼠笼三相异步电动机变压调速电路

出脉冲的相位整定在同步信号的 180°过零点处,之后闭合主电路;用示波器观测电动机负载每相的电压波形,顺时针缓慢调节给定电位器 RP_1,观察并记录负载电压波形的变化情况,分析电路工作原理。实验完毕后,依次断开系统主电路、挂箱上的电源开关、控制电路以及系统总电源。

(5)**实验报告**

①通过实验,进一步掌握三相交流调压电路的工作原理和工作特性。

②分析在交流电动机(感性负载)下交流调压对电路输出波形的影响。

③记录不同工作状态下的输出电压波形。

实验 13　鼠笼三相异步电动机(VVVF)变频调速电路研究

(1)实验目的

了解 VVVF 电路在异步电动机变频调速中的应用。

(2)实验内容

①观测 SPWM 逆变电路的工作波形。

②观测电机在不同频率下的运转情况。

(3)实验设备与仪器

①"触发电路挂箱Ⅱ(DST02)"——DT05 单元。

②三相异步电动机、光电编码器(若已配)机组。

③"给定单元挂箱(DSG01)"或"给定及调节器挂箱(DSG02)"——DG01 单元。

④"IPM 主电路挂箱(DSM02)"。

⑤电压检测与变换电路(DD09)。

⑥慢扫描双踪示波器、数字万用表等测试仪器。

(4)实验电路的组成及实验操作

1)实验电路的组成

实验电路的组成与 DC/AC 变换技术中实验 3"基本型三相 SPWM 电压型逆变电路研究"除负载不同外其他部分基本相同。其接线图如图 1.13.1 所示。

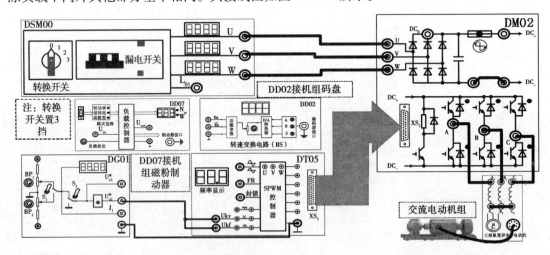

图 1.13.1　鼠笼三相异步电动机(VVVF)变频调速电路

2)实验操作

打开系统总电源,系统工作模式设置为"交流调速"。将主电源面板上的电压选择开关置于"3"的位置,即主电源相电压输出设定为 220 V。按如图 1.13.1 所示完成实验接线。将 DT05 单元的模式信号插孔"TYPE"与信号地短接,此时 DT05 单元被设置为基本三相 SPWM 工作模式;将 DG01 单元的正给定电位器 RP$_1$ 逆时针旋到头,经指导教师检查无误后,可上电开始实验。依次闭合控制电路、挂箱上的电源开关,最后闭合主电路;用示波器检测电机各相电枢两端的波形,顺时针缓慢调节 RP_1,用 DD09 记录不同频率下的电压值。观察电机运行情况,分析电路工作原理。实验完毕后,依次断开系统主电路、挂箱上的电源开关、控制电路以及系统总电源。

（5）**实验报告**

①根据实验数据分析实验过程并得出正确结论。

②观察并绘制有关实验波形。

实验14 绕线三相异步电动机串级调速电路研究

(1)实验目的
①进一步了解三相有源逆变电路的基本原理和组成。
②了解有源逆变电路在三相异步电动机串级调速中的应用。
③了解串级调速装置在调速过程中的作用。

(2)实验内容
①进一步验证三相有源逆变电路的工作特性。
②观测三相有源逆变电路在串级调速电路中的工作波形。

(3)实验设备与仪器
①"触发电路挂箱Ⅱ(DST02)"——DT04单元。
②主控"信号检测电路"——DD05单元(同步信号)。
③主控"电机接口电路"——DD13单元(逆变变压器)。
④"给定单元挂箱(DSG01)"或"给定及调节器挂箱(DSG02)"——DG01单元。
⑤"可控硅主电路挂箱(DSM01)"——DM01单元。
⑥"串级调速辅助挂箱(DSM03)"。
⑦"IPM主电路挂箱(DSM02)"。
⑧绕线式三相异步电动机、光电编码器(若已配)机组。
⑨慢扫描双踪示波器、数字万用表等测试仪器。

(4)实验电路的组成及实验操作
1)实验电路的组成

实验电路主要由"给定单元(DG01)""晶闸管移相触发器(DT04)""可控硅主电路""逆变变压器""串级调速投入电路"单元(见图1.14.1)绕线式三相异步电动机组组成。其中，Mr_1、Mr_2、Mr_3分别接电动机的转子三相；DC_+、DC_-分别接晶闸管移相触发器的K、A极；U_n、KM分别是转速反馈、主电路上电信号检测输入端。实验接线图如图1.14.2所示。

2)实验操作

打开系统总电源，系统工作模式设置为"交流调速"。将主电源面板上的电压选择开关置于"3"的位置，即主电源相电压输出设定为220 V。按如图1.14.2所示完成实验接线。经实验指导老师确认无误后，完成下面实验。

首先整定DT04单元$\pm\beta$限幅值及偏置值(见图1.14.1)，即将β初始位置定于略大于150°，限幅到$90° \geqslant \beta \geqslant 150°$。本步骤可先行由实验室指导老师完成。

本实验采用"直接启动控制的串级调速"。"直接启动控制的串级调速"在启动时，除须将逆变器先于电动机接到交流电网外，还应使电动机的定子先与交流电网接通，此时转子呈开路状态，以防止电动机启动合闸时的合闸过电压通过转子回路损坏整流装置，然后再使电动机转子回路与转子整流器接通。为此，应首先将"串调投入方式"置"直接"，并将串调投入单元电位器RP_s逆时针调至0(⊥)端，使串调投入单元一开始就使"电动机转子回路与转子整流器处于待接通"状态。当主电路接触器闭合后，"接触器KS_2"将自动闭合使电动机转子回路与转

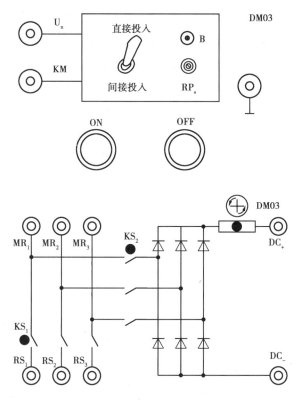

图 1.14.1　串级调速投入电路

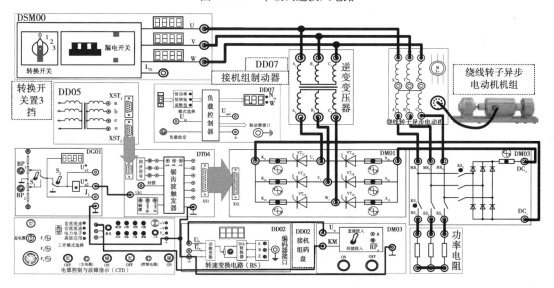

图 1.14.2　绕线三相异步电动机串级调速电路接线图

子整流器接通,"接触器 KS$_1$"则始终断开以确保电阻 RS 分断。缓慢调节 DG01 给定电位器,观测整流器装置的工作状态,完成实验。当停车时,先缓慢减小给定使"接触器 KS$_2$"断开(使其转子回路与串调装置脱离),再断开系统主电路。"直接启动控制"过程是由专用电路按顺序自动实现以上控制过程的,实验中只要严格按照开始实验时"先闭合控制电路,后闭合主电路"、结束实验时"先关断主电路,后关断控制电路"的顺序来做即可。

（5）实验报告

①通过实验,分析串级调速电路的工作原理和工作特性。

②观察记录并绘制有关实验波形。

③分析有源逆装置应满足的条件。

实验 15　带电流截止负反馈的转速负反馈直流调速系统

（1）实验目的

①熟悉单闭环直流调速系统的组成及其主要组成单元的原理与作用。

②学习调速系统单元及系统调试的基本方法及其注意事项。

③分析、研究转速负反馈有静差和无静差直流调速系统的静态特性及其特点。

④熟悉"电流截止负反馈"的组成及其在"转速负反馈系统"中的作用。

⑤分析、研究"带电流截止负反馈的转速负反馈直流调速系统"的静、动态特性和电流反馈系数 β、截止电压（稳压二极管 Vs 的稳压值）的整定及其对系统静、动态特性的影响。

（2）实验内容

①调速系统的单元调试及系统静态参数的整定。

②直流电动机开环与闭环系统的静态特性测试。

③分析、研究转速负反馈有静差和无静差直流调速系统的静态特性及其特点。

④"带电流截止负反馈的转速负反馈直流调速系统"的静态特性测试。

⑤"带电流截止负反馈的转速负反馈直流调速系统"的静态精度和动态稳定性的实验与分析。

⑥分析研究电流截止负反馈环节的作用和参数变化对系统特性的影响。

（3）实验设备与仪器

①综合实验台主体（主控箱）及其主控电路、转速变换（DD02）、电流检测及变换电路（DD06）、同步变压器（DD05）、负载控制器（DD07）等单元以及平波电抗器。

②"可控硅主电路挂箱（DSM01）"。

③"触发电路挂箱Ⅱ（DST02）"——DT04。

④"给定单元挂箱（DSG01）"——DG01 单元。

⑤"调节器挂箱Ⅰ（DSA01）"——DA01、DA02 单元。

⑥直流电动机 + 磁粉制动器 + 旋转编码器机组。

⑦慢扫描双踪示波器、数字万用表等测试仪器。

⑧微机及打印机（存储、演示、打印实验波形，可无，但相应内容省略）。

（4）实验电路的组成

"带电流截止负反馈的转速负反馈直流调速系统"是单闭环直流调速系统的典型实例。系统的组成框图如图 1.15.1 所示，接线电路如图 1.15.2 所示。它主要由"DG01""DA01""DT04""DSM01""DD02""DD06"等基本环节组成。该系统简单、实用，在要求不高的场合常见采用。

（5）实验步骤与方法

1）实验电路连接、检查及调试

①本实验系统所使用的单元环节，其中"触发器单元 GT1（DT04）"和"可控硅主电路（DSM01）"的调试要点和方法见《触发电路挂箱（DST02）使用说明》和《可控硅主电路挂箱（DSM01）使用说明》。"给定及给定积分器（DG01）"见《给定单元挂箱（DSG01）使用说明》，

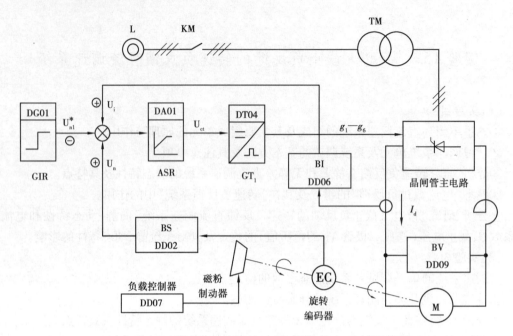

图 1.15.1　带电流截止负反馈的转速负反馈直流调速系统的组成

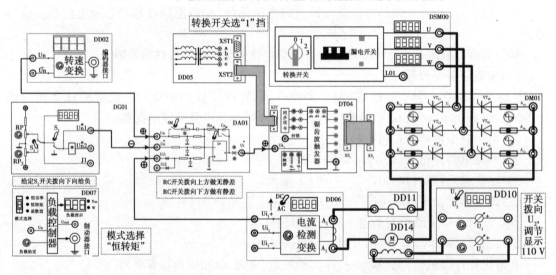

注：各个控制电路以及检测电路的地用细实验导线连起来，但是绝对不能接到主电路的地上

图 1.15.2　带电流截止负反馈的转速负反馈直流调速系统

"转速调节器 ASR（DA01）"和"零速封锁（DA02）"见《调节器挂箱 Ⅰ（DSA01）使用说明》。

②按如图 1.15.2 所示连接系统。确保转速给定和转速、电流反馈极性正确合理，转速、电流反馈系数 α、β 调至最大（将转速和直流电流变换单元 DD02、DD06 的输出电位器顺时针调至最大）；"工作模式选择"开关置"直流调速"挡；给定单元（DG01）的极性开关 S_1、阶跃开关 S_2 拨向上方，并调整正、负给定电位器使输出为 0。

③将转速调节器 ASR 输入端子 U_n 和 U_{i1} 的转速和电流负反馈输入改为接地输入，即先断开转速负反馈和电流截止负反馈；ASR 接成 1∶1 的比例状态（取 $R_n = R_0 = 40$ kΩ）；经实验指导教师检查认可后，打开钥匙开关（电源控制与故障指示（CTD）单元，检查各指示灯状

态,确认无异常后开始下面的步骤。

④闭合控制回路(电源控制与故障指示(CTD)面板控制电路按钮 ON),保持主电路分断。并将励磁电源整定至额定励磁电流;负载控制器模式选择为"恒转矩"模式,负载给定为零;旋动正、负给定电位器,经极性开关切换,依次使给定 $U_n^* = \pm 0.5、\pm 2$ V,检查转速调节器 ASR 的比例特性;取给定 $U_n^* = \pm 2$ V,电容 $C_n = 2$ μF,用万用表测量 ASR 的输出,同时整定所要求的限幅值。

⑤检查并调整"触发器单元 GT₁"和"直流调速系统主电路",整定触发零位:用双踪示波器检查"双路晶闸管移相触发器"是否工作正常及主电路接线的正确与否;触发电路和主电路正常后,微调"DT04"单元的偏置电位器,使 $U_n^* = 0$ 时,触发角 $\alpha = 90°$(整定零位)。

⑥控制电路状态正常后,将正、负给定电位器重新调至 0,将阶跃开关拨向上方,极性开关拨向下方(为什么?)。

2)直流电动机的开环机械特性测试

①负载给定为零,保持转速负反馈,使电流截止负反馈为断开状态,转速调节器 ASR 重新接成 1∶1 的比例状态。检查无误后,闭合主电路。

注意:"开环系统"或"无电流截止负反馈"的"单闭环系统",不得阶跃启动,实验中只能缓慢改变给定电压和电机转速(为什么?)。

②缓慢增大给定电压 U_n^*,使电动机转速逐渐上升,用双踪示波器观察整流装置输出电压 U_d,看波形是否正常、连续可调。当电动机电枢电压达到额定值 $U_d = U_{dnom}$,即 $n = n_0$ 时,记录并保持此时的转速给定 U_{nnom}^* 不变,调节负载给定,使电动机电枢电流 I_d 在 $0 \sim I_{dm}(I_{dm} \leqslant 1.5 I_{dnom})$ 间分别读取 5 级负载电流 I_d 和转速 n,并录入表 1.15.1 中;减小给定并恒定于 $1/2 U_{nnom}^*$,调节负载给定,在 $0 \sim I_{dm}(I_{dm} \leqslant 1.5 I_{dnom})$ 分别读取电流 I_d 和转速 n 等 5 组数据,并录入表1.15.1中。

表 1.15.1　开环机械特性实验数据

U_n^*/V	$U_{nnom}^* =$					$1/2 U_{nnom}^* =$				
I_d/A	0	I_{d1}	I_{dnom}	I_{d2}	I_{dm}	0	I_{d1}	I_{dnom}	I_{d2}	I_{dm}
I_d^*										
n/(r · min⁻¹)										
n^*										
额定参数	$N_{nom} =$　　kW; $U_{nom} =$　　V; $I_{dnom} =$　　A; $n_{nom} =$　　r / min									

③计算转速比 $n^* = n/n_0$ 和电流比 $I_d^* = I_d/I_{dnom}$,也录入表 1.15.1 中。

④依次(①、④)绘制高、低速两条机械特性曲线 $n = f(I_d)$ 于图 1.15.3 中。

3)转速负反馈有静差直流调速系统

①逐步减小给定电位器至 0,待电机停止后"分断"主电路;按如图 1.15.2 所示恢复转速负反馈(接线端子 U_n 由接地改为转速负反馈输入),注意反馈极性,确保负反馈无误,但仍不接电流截止负反馈;RC 阻容箱取 $R_n = k_p R_0(k_p$ 为转速调节器 ASR 的放大倍数,以系统稳定运

行为限,尽量取大些,或实验前设计、计算得出)、短接电容 C_n。负载给定置0,检查无误后闭合主电路。

②缓慢增大给定 U_n^*,使电机转速逐渐上升,当给定电压达到 $U_n^* = -8$ V 时,保持恒定(即取 $U_n^* = U_{nm}^* = -8$ V),调整(减小)转速反馈系数直至 $n = n_{nom}$,同时用万用表测量反馈电压 U_{nnom} 以完成转速反馈系数的整定,并计算转速反馈系数 $\alpha(\alpha = U_{nm}/n_{nom})$,并录入表1.15.2中。

③调节负载给定,在 $0 \sim I_{dm}(I_{dm} \leqslant 1.5 I_{dnom})$ 分别读取电枢电流 I_d 和转速 n 等5组数据,并录入表1.15.2中;置负载至最小,减小给定并恒定于 $1/2U_{nm}^*$,调节负载给定,在 $0 \sim I_{dm}(I_{dm} \leqslant 1.5 I_{dnom})$ 分别读取电流 I_d 和转速 n 等5组数据,并录入表1.15.2中。

④逐步减小给定至0,待电机停止后"分断"主电路;将负载减小至0。

⑤计算转速比 $n^* = n/n_0$、电流比 $I_d^* = I_d/I_{nom}$,也录入表1.15.2中。

⑥在图1.15.3中,依次(②、⑤)绘制高、低速两条静态特性曲线 $n = f(I_d)$。

表 1.15.2　转速负反馈有静差系统静态特性实验数据

U_n^*/V	$U_{nm}^* =$					$1/2U_{nm}^* =$				
I_d/A	0	I_{d1}	I_{dnom}	I_{d2}	I_{dm}	0	I_{d1}	I_{dnom}	I_{d2}	I_{dm}
I_d^*										
$n/(\text{r} \cdot \text{min}^{-1})$										
n^*										
反馈系数	$\alpha = U_{nm}/n_{nom} =$　　　　V · min/r									

4)转速负反馈无静差直流调速系统实验

①将转速调节器 ASR 改接成 PI 调节器,取 $C_n = 2 \mu F$,检查无误后闭合主电路。

②缓慢增大给定电压 U_n^*,直至 $U_n^* = U_{nnom}^* = U_{nm}^* = -8$ V 恒定,调整(减小)转速反馈直至 $n = n_{nom}$,从而完成转速反馈系数 α 的整定(为什么?)。

③重复有静差实验步骤③、④、⑤、⑥,并将相应数据录入表1.15.3中。

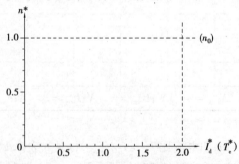

开环机械特性:①高速　　闭环静特性:有静差系统　②高速　⑤低速
　　　　　　　④低速　　　　　　　　无静差系统　③高速　⑥低速

图 1.15.3　直流电动机的开环机械特性与转速负反馈系统的闭环静态特性

④依次绘制高、低速(③、⑥)两条静态特性曲线 $n = f(I_d)$ 于图1.15.3中。分析、比较图1.15.2中高、低速各3组特性曲线,得出开环系统、有静差和无静差转速负反馈系统3类简单

直流调速系统的特点。

表 1.15.3 转速负反馈无静差系统静态特性实验数据

U_n^*/V	$U_{nm}^* =$					$1/2U_{nm}^* =$				
I_d/A	0	I_{d1}	I_{dnom}	I_{d2}	I_{dm}	0	I_{d1}	I_{dnom}	I_{d2}	I_{dm}
I_d^*										
$n/(r \cdot min^{-1})$										
n^*										

5)带电流截止负反馈的转速负反馈直流调速系统实验

①连接并调试完成电流截止负反馈(接线端子 U_{i2} 由接地改为电流反馈输入,其比较电压为 $U_{com} = U_{VS2}$ 注意反馈极性),检查无误后闭合主电路。

注:电流截止负反馈环节参数按《调节器挂箱 Ⅰ(DSA01)使用说明》中转速调节器的单元调试部分确定,此处不另重复。

②逐步增大给定 U_n^* 直至 $U_n^* = U_{nm}^* = -8$ V,$n = n_0$ 恒定;系统稳定后,缓慢减小电流反馈强度和增大负载给定直至 $I_d = I_{dnom}$(电流截止负反馈尚未起作用);用万用表测量此时的电流反馈电压 U_{i1}(ASR 输入端子 U_{i1} 处)和记录给定转矩,并令电流反馈系数 $\beta = \beta_1 = U_{i1}/I_{dnom}$、负载给定为额定转矩,并录入表 1.15.4 中;最后恢复负载给定为 0。

③调节负载给定,在 $0 \sim I_{dm}$ 分别读取电流 I_d 和转速 n 等 5 组数据,并录入表 1.15.3 中;保持此时的转速反馈和电流反馈不变、负载给定为 0。

④保持比较电压 $U_{com} = U_{VS1}$ 不变,增大电流反馈系数使 $\beta = \beta_2 > \beta_1$(令 $\beta_2 = U_{i2}/I_{dnom}$,并录入表 1.15.3 中);调节负载给定,在 $0 \sim I_{dm}$ 分别读取电流 I_d 和转速 n 等 5 组数据,并录入表 1.15.3中;保持此时的转速反馈和电流反馈不变、负载给定为 0。

⑤保持 $\beta = \beta_2 > \beta_1$,改变比较电压使 $U_{com} = U_{VS1} > U_{VS2}$(将电流反馈由接线端子 U_{i2} 改为 U_{i1} 输入);调节负载给定,在 $0 \sim I_{dm}$ 分别读取电流 I_d 和转速 n 等 5 组数据,并录入表 1.15.4 中;保持此时的转速反馈和电流反馈不变、负载给定为零。

表 1.15.4 带电流截止负反馈的转速负反馈直流调速系统静态特性实验数据

特 性	①$\beta = \beta_1 =$, $U_{com} = U_{VS1}$					②$\beta = \beta_2 =$, $U_{com} = U_{VS1}$				
I_d/A	0	I_{d1}	I_{d2}	I_{d3}	I_{dm}	0	I_{d1}	I_{d2}	I_{d3}	I_{dm}
I_d^*										
$n/(r \cdot min^{-1})$										
n^*										
特 性	③$\beta = \beta_2 > \beta_1$, $U_{com} = U_{VS2} > U_{VS1}$					④$\beta = \beta_1$, $U_{com} = U_{VS2} > U_{VS1}$				
I_d/A										

续表

特　性	③$\beta = \beta_2 > \beta_1$　,$U_{com} = U_{VS2} > U_{VS1}$		④$\beta = \beta_1$,$U_{com} = U_{VS2} > U_{VS1}$	
I_d^*				
$n/(\mathrm{r \cdot min^{-1}})$				
n^*				
	$\beta_1 = U_{ci1}/I_{dnom} = $ 　;$\beta_2 = U_{ci2}/I_{dnom} = $ 　;$R_{Gnom} = $			

⑥保持比较电压 $U_{com} = U_{VS1} > U_{VS2}$,恢复电流反馈系数 $\beta = \beta_1$(参照步骤②);调节负载给定,在 $0 \sim I_{dm}$ 分别读取电流 I_d 和转速 n 等5组数据,并录入表1.15.3中;逐步减小给定至0,待电机停止后"分断"主电路;保持转速和电流反馈不变,负载给定为0;恢复比较电压 $U_{com} = U_{VS2}$(将电流反馈由接线端子 U_{i1} 恢复为 U_{i2} 输入)。

⑦计算各转速比 $n^* = n/n_0$ 和电流比 $I_d^* = I_d/I_{nom}$,并录入表1.15.3中。

⑧根据表1.15.4数据绘制以上4条系统静态特性 $n = f(I_d)$ 于图1.15.4。注意观察4条系统静态特性的斜率、截止电流 I_{dcr}、堵转电流(负载较小,不能满足要求达不到堵转停机)I_{dbl} 的异同,并讨论、分析以得出正确结论。

⑨将阶跃开关拨向下方,置给定 $U_n^* = -8$ V,设定负载在恒转矩模式下为额定转矩,模式选择在2挡与恒转矩挡之间切换可实现负载的突加和突卸,以完成空载和带载(额定负载)时的突加给定启动过渡过程实验,由双踪示波器观察电流 I_d 和转速 n 的过渡过程。变动 RC 的阻、容值,直至过渡过程曲线满意,并认真临摹最满意的一组曲线于图1.5.5。

⑩分析比较图1.15.5的两条曲线,讨论空载和带载启动过渡过程的异同。

*⑪通过左下面板的微机接口电路(DD01),接好微机系统,演示、存储、打印相应过渡过程曲线,供撰写实验报告和分析,研究系统动态性能(未配置微机时,可采用"存储示波器",或将此项内容省略)。

⑫实验完毕后,将阶跃开关拨向下方,待电机停转后,依次分断主电路、控制电路和总电源开关。

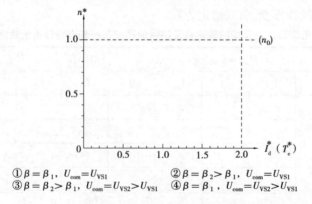

① $\beta = \beta_1$, $U_{com} = U_{VS1}$　　② $\beta = \beta_2 > \beta_1$, $U_{com} = U_{VS1}$
③ $\beta = \beta_2 > \beta_1$, $U_{com} = U_{VS2} > U_{VS1}$　　④ $\beta = \beta_1$, $U_{com} = U_{VS2} > U_{VS1}$

图1.15.4　带电流截止负反馈的转速负反馈直流调速系统的闭环静态特性

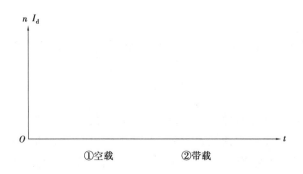

图 1.15.5　突加给定启动的过渡过程曲线

（6）思考题

①为什么"单闭环直流调速系统"在未带电流截止负反馈前,不得阶跃启动,只能缓慢增加给定?

②在转速负反馈系统中,引入"电流截止负反馈"的目的是什么?

③有静差系统为什么要限制其开环放大倍数? 产生静差的原因是什么? 为什么说理论上讲该系统是无法消除静差的?

④无静差转速负反馈系统最终如何消除静差的? 实际上,真的能使系统的误差为零吗? 为什么?

⑤带电流截止负反馈的直流调速系统中,改变 β 和 U_{com} 将引起系统的静、动态特性有何变化? 为什么?

实验 16　转速、电流双闭环直流调速系统

（1）实验目的

①熟悉"转速、电流双闭环直流调速系统"的组成及其工作原理。

②熟悉"转速、电流双闭环直流调速系统"及其主要单元环节的调试。

③分析、研究"转速、电流双闭环直流调速系统"的静态特性及其特点。

④分析、研究"转速、电流双闭环直流调速系统"在突加给定启动过渡过程曲线，系统在突加、突卸负载时的抗扰性，以及参数对系统动态性能的影响。

（2）实验内容

①系统的单元调试及静态参数的整定。

②"转速、电流双闭环直流调速系统"的静态特性测试。

③"转速、电流双闭环直流调速系统"突加给定启动过渡过程研究。

④"转速、电流双闭环直流调速系统"突加、突卸负载时的抗扰性研究。

（3）实验设备与仪器

①综合实验台主体（主控箱）及其主控电路、转速变换电路（DD02）、电流检测及变换电路（DD06）、同步变压器（DD05）、负载控制器单元（DD07）等以及平波电抗器（DD11）。

②"可控硅主电路挂箱（DSM01）"和"触发电路挂箱Ⅱ（DST02）"——DT04。

③"给定单元挂箱（DSG01）"——DG01。

④"调节器挂箱Ⅰ（DSA01）"——DA01、DA02、DA03。

⑤直流电动机＋磁粉制动器＋旋转编码器机组。

⑥慢扫描双踪示波器、数字万用表等测试仪器。

⑦微机及打印机（存储、演示、打印实验波形，可无，但相应内容省略）。

（4）实验电路的组成

"转速、电流双闭环系统"是不可逆直流调速中应用最普遍、最基本的典型实例，也是各种可逆和不可逆的直流调速系统的基本组成部分。其系统的组成框图如图 1.16.1 所示，接线电路如图 1.16.2 所示。它主要由"DG01""DA01""DA03""DT04""DSM01"以及电流检测（DD06）、转速变换器（DD02）等基本环节组成。

（5）实验步骤与方法

1）实验电路的连接与检查（见图 1.16.1）

①本实验系统所使用的单元环节与实验 1 基本相同，只是增加了一个"电流调节器 ACR（DA03）"单元以组成电流内环，其调试要点和方法见《调节器挂箱Ⅰ（DSA01）使用说明》。

②按如图 1.16.2 所示连接系统。负载模式选择为恒转矩模式，负载给定为零；确保各给定和反馈极性正确合理，反馈系数 α、β 调至最大；"工作模式"置"直流调速"挡。

③调节器 ASR、ACR 接成 1∶1 的比例状态（$R_n = R_i = R_0 = 40$ kΩ）；正、负给定置 0 V；切断转速和电流负反馈（转速和电流调节器接线端子 U_n 和 U_i 的反馈输入改为接地）。

④经实验指导教师检查认可后，打开总电源（左下面板），检查各指示灯状态，确认无异常后开始下面的步骤。

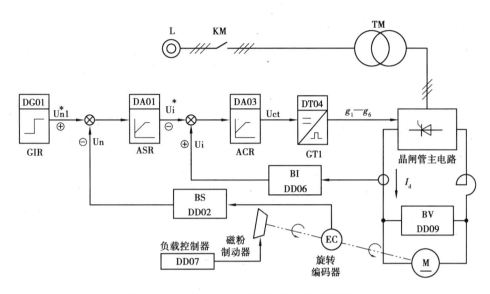

图 1.16.1　转速、电流双闭环直流调速系统组成

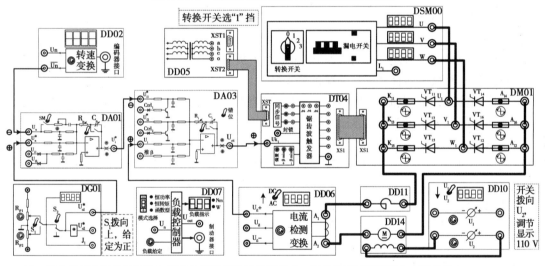

注：各个控制电路以及检测电路的地用细实验导线连起来，但是绝对不能接到主电路的地上

图 1.16.2　转速、电流双闭环直流调速系统

2）静态参数的整定

①主要单元环节的检查、调整及其参数整定

a. 闭合控制电路(电源控制与故障指示(CTD)控制电路按钮 ON)，主电路保持分断，将给定单元的阶跃开关 S_2 拨向上方；依次使正、负给定 $U_n^* = \pm 0.5$、± 2 V，测量 ASR、ACR 的输入、输出，检查比例特性；取 $U_n^* = \pm 2$ V，$C_n = C_i = 2$ μF，用万用表分别测量 ASR、ACR 的输出，并整定其限幅。

b. 检查并调整"触发器单元 GT_1"和"直流调速系统主电路"，整定触发零位：用双踪示波器检查"双路晶闸管移相触发器"斜率、相位、双窄脉冲输出；检查主电路接线，确认触发电路和主电路正常后，整定系统零位，即微调"DT04"单元的偏置电位器，使 $U_n^* = 0$ 时，触发角 $\alpha = 90°$。

②电流内环静态参数整定

a. 给定及给定积分器(DG01)单元的阶跃输出端 U_{n1}^* 由引向转速调节器的 U_n^* 端改为直接引向电流调节器的 U_i^* 输入端,(即暂且去掉 ASR,注意:U_{n1}^* 端不得与 ASR 的 U_n^* 端和 ACR 的 U_i^* 端同时相接);电流调节器 ACR 接成 PI 调节器(取 $R_i = R_0 = 40$ kΩ,$C_i = 2$ μF)。检查无误后闭合主电路。

b. 负载给定为 0,给定单元的极性开关 S_1 拨向下方,缓慢增大给定直至 $U_n^* = -U_{im}^*$;($-U_{im}^*$ 为转速调节器 ASR 的下限幅)待系统稳定运行后,同时调节电流反馈和负载转矩直至 $I_d = I_{dm} = 1.5I_{dnom}$(设电流过载倍数 $\lambda = 1.5$,若 λ 不同,系数应随之变更),整定电流反馈系数 $\beta = U_{im}^*/I_{dm}$,并锁定之。系统重新稳定运行后,减小给定 U_n^* 至 0,电机停止后切除主电路。

③转速外环静态参数整定

a. 闭合控制电路,将励磁电流整定至额定值,恢复"转速、电流双闭环直流调速系统"(即恢复 ASR 的给定输入引自给定单元的阶跃输出端 U_{n1}^*,ACR 的输入 U_i^* 引自 ASR 的输出),将 ASR 接成 PI 调节器(取 $R_n = R_0 = 40$ kΩ,$C_n = 2$ μF)。经检查无误后,闭合主电路。

b. 给定单元的极性开关 S_1 拨向上方,逐步增加给定使 $U_n^* = U_{nm}^* = +8$ V,电机升速至某值稳定后。调节(减小)转速反馈直至 $n = n_{nom}$,以完成转速反馈系数 $\alpha = U_{nm}^*/n_{nom}$ 的整定,并锁定之。

c. 减小给定 U_n^* 至 0,电机停止后切除主电路。负载给定为零。

3)转速、电流双闭环直流调速系统的静态特性研究

"转速、电流双闭环直流调速系统"的两个调节器(ASR、ACR)都是 PI 调节器,无论是内环(电流环)还是外环(转速环)都是无静差系统。理论上,无静差系统的静态特性是一条平行于横坐标的直线,即偏差 $\Delta U_n = U_n^* - U_n = 0$。实际并非尽然,内、外闭环都存在误差,即 $\Delta U_n \neq 0$,故静态特性也不是一条平行于横坐标的直线。因此,有必要测试其静态特性,并分析产生偏差的原因。

①按实验前设计、计算的阻、容(R_n、C_n、R_i、C_i),设定 DA01、DA03 两个单元的参数,检查无误后闭合主电路。

②增大给定并恒定至 $U_n^* = U_{nm}^* = +8$ V,$n = n_{nom}$;稳定后,调节负载给定,电枢电流在 $0 \sim I_{dm}$ 分别读取电流 I_d 和转速 n 5 组数据,并录入表 1.16.1 中;负载给定为零,减小给定并恒定于 $1/2U_n^*$,调节负载给定,在 $0 \sim I_{dm}$ 分别读取电流 I_d 和转速 n 5 组数据,并录入表 1.16.1 中。

表 1.16.1 转速、电流双闭环系统静态特性实验数据

U_n^*/V	$U_n^* =$					$1/2U_n^* =$				
I_d/A	0				$I_{dm} =$	0				$I_{dm} =$
$n/(\text{r} \cdot \text{min}^{-1})$										

③减小给定电压 U_n^* 至 0,电机停止后,切除主电路。

④根据表 1.16.1 数据分别绘制高、低速两条静态特性 $n = f(I_d)$ 于图 1.16.3。

⑤分析双闭环系统静态特性的特点,并与实验 1"带电流截止负反馈的转速负反馈直流调速系统"及其实验结果进行比较,得出相应结论。

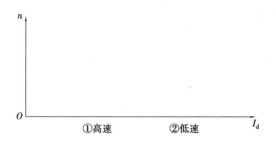

图 1.16.3 转速、电流双闭环直流调速系统的静态特性

4)转速、电流双闭环直流调速系统突加给定时的启动过渡过程

①先置给定 $U_n^* = U_{nm}^* = +8$ V,再置阶跃开关 S_2 于下方($\perp$ 端)。保持 ASR、ACR 为 PI 调节器,参数同前。负载给定为零,使机组接近空载。检查无误后,闭合主电路。

②由阶跃开关 S_2 进行高速、空载、突加给定时的过渡过程实验,通过双踪示波器观察电流 I_d 和转速 n 的过渡过程曲线,反复变更 RC 阻容值,直至满意,并认真临摹最满意的一组曲线于图 1.16.4。

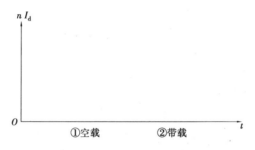

图 1.16.4 突加给定起动的过渡过程曲线

③阶跃开关 S_2 拨向下方,待电机停转后,将转速给定设定为 $1/2U_n^*$。重新阶跃启动进行低速、空载、突加给定时的过渡过程实验,通过双踪示波器观察电流 I_d 和转速 n 的过渡过程曲线。

④阶跃开关 S_2 拨向下方,电机停止后负载给定为零;阶跃启动电机到额定转速直至稳定运行后,调节负载给定,使电枢电流 $I_d = I_{dnom}$;然后重复步骤②、③,完成带载突加给定启动时的过渡过程实验,并通过双踪示波器观察电流 I_d 和转速 n 的过渡过程,并认真临摹高速时的一组曲线于图 1.16.4。

⑤分析、比较图 1.16.4,并讨论空载和带载启动过渡过程的异同。

⑥通过左下面板的微机接口电路(DD01),接好微机系统,演示、存储、打印相应过渡过程曲线,供撰写实验报告和分析、研究系统动态性能(未配置微机时,可采用"存储示波器",或将此项内容省略)。

⑦阶跃开关 S_2 拨向下方。待电机停转后,切除主电路,分断负载开关 S_G。

5)转速、电流双闭环直流调速系统突加负载时的抗扰性研究

①接好双踪示波器准备观察电流 I_d 和转速 n 的过渡过程曲线;闭合主电路,阶跃启动到给定转速直至稳定运行。

②设定负载在恒转矩模式下为额定转矩,模式选择在 2 挡与恒转矩挡之间切换可实现负载的突加和突卸,反复切换(适当保持时间间隔),由双踪示波器观察突加和突卸负载时的电

流和转速的过渡过程曲线并临摹于图 1.16.5。

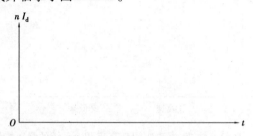

图 1.16.5　突加和突卸负载时的过渡过程曲线

③分析、讨论图 1.16.5 的过渡过程曲线，得出正确结论。

*④通过左下面板的微机接口电路（DD01），接好微机系统，演示、存储、打印相应过渡过程曲线，供撰写实验报告以及分析、研究系统动态性能（未配置微机时，可采用"存储示波器"，或将此项内容省略）。

⑤本实验台还可利用 DA01 单元的微分开关 SM（拨向下方），实现转速微分负反馈。若改变微分反馈，可调节电位器 RPd。

⑥实验完毕，将阶跃开关 S_2 拨向下方，待电机停转后，依次切除主电路、控制电路和总电源。

（6）思考题

①电流环对系统的静态和动态各有什么作用？

②转速和电流闭环各自对负载扰动和电网电压波动有否调节能力？

③转速、电流双闭环系统，在其他参数不变的条件下，若将电流反馈系数 β 减小 1 倍，系统的转速 n 和电枢电流 I_d 各有何变化？为什么？

④转速、电流双闭环系统，在稳定运行的状态下，其电流反馈或转速反馈线突然断开，系统各发生什么变化？为什么？

实验 17　转速、电流、电流变化率三闭环直流调速系统

（1）**实验目的**

①本实验为可选实验，大多数情况下可免做，主要供学生自选或课程设计、专题研究时选用。

②熟悉"转速、电流、电流变化率三闭环直流调速系统"的组成及原理。

③分析、研究"转速、电流、电流变化率三闭环直流调速系统"的突加给定启动过渡过程和抗扰性。

（2）**实验内容**

①"转速、电流、电流变化率三闭环直流调速系统"的静态特性及静态参数整定。

②"转速、电流、电流变化率三闭环直流调速系统"突然启动及过渡过程。

③"转速、电流、电流变化率三闭环直流调速系统"的抗干扰性。

（3）**实验设备与仪器**

①综合实验台主体（主控箱）及其主控电路、转速变换电路（DD02）、电流检测及变换电路（DD06）、同步变压器（DD05）、负载给定（DD07）等单元及平波电抗器等。

②"可控硅主电路挂箱（DSM01）"和"触发电路挂箱Ⅱ（DST02）"——DT04。

③"给定单元挂箱（DSG01）"——DG01。

④"调节器挂箱Ⅰ（DSA01）"——DA01、DA02、DA03。

⑤"调节器挂箱Ⅱ（DSA02）"——DA05。

⑥"控制器挂箱（DSC01）"——DC01。

⑦直流电动机＋磁粉制动器＋旋转编码器机组。

⑧慢扫描双踪示波器、数字万用表等测试仪器。

⑨微机及打印机（存储、演示、打印实验波形，可无，但相应内容省略）。

（4）**实验电路的组成**

"转速、电流、电流变化率三闭环直流调速系统"是对"转速、电流双闭环直流调速系统"的一种改进，其特点是缩短了启动过渡过程第一阶段的时间，进一步提高了系统的快速性。系统的组成框图如图 1.17.1 所示，接线电路如图 1.17.2 所示。它主要由"DG01""DA01""DA03""DA05""DT04""DC01""DSM01"，以及电流（DD06）、转速变换器（DD02）等基本环节组成。

（5）**实验步骤与方法**

1）实验电路的连接与检查

①本实验系统所使用的单元环节，只是在实验 2 的基础上增加了"反相器 AR1（DC01）""电流调节器 ACR（DA05）"等单元环节，以组成电流变化率内环。其调试要点和方法见相关挂箱的使用说明。

②按如图 1.17.2 所示连接系统断开电动机的励磁开关（即不接电动机励磁，以整定电流内环）；负载给定为零；确保各给定和反馈极性正确合理，反馈系数 α、β 调至最大；"状态切换"置"调试"挡。

③各调节器暂且接成 1∶1 的比例状态；置给定单元（DG01）的极性开关 S_1 于下方、阶跃

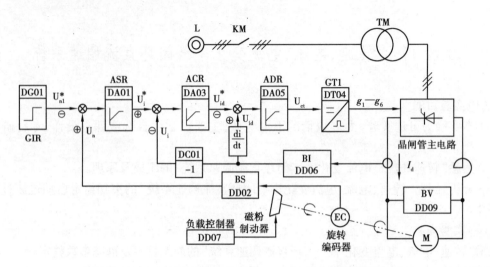

图 1.17.1　转速、电流、电流变化率三闭环直流调速系统组成

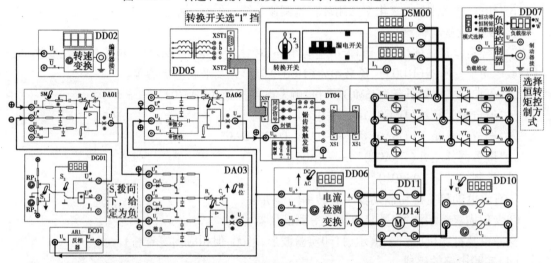

注：各个控制电路以及检测电路的地用细实验导线连起来，但是绝对不能接到主电路的地上

图 1.17.2　转速、电流、电流变化率三闭环直流调速系统

开关 S_2 于上方，旋动反向给定电位器至 0 端。

④经实验指导教师检查认可后，打开总电源（电源控制与故障指示（CTD）），检查各指示灯状态，确认无异常后开始下面的步骤。

2）转速、电流、电流变化率 3 个闭环的参数整定

①将 ASR 接成 1∶1 的比例调节器，置转速负反馈输入为 0（ASR 的反馈输入端 U_n，自 DD02 单元的输出 U_n 引入改由接地 ⊥ 输入），接好电流和电流变化率内反馈，ACR（DA03）的 R_i、C_i 取实验 2 优化值，ADR（DA05）单元 R_{iB}、C_{iB} 取设计值，电流变化率内环的微分网络，暂取 $R_d = 40\ \text{k}\Omega$，$C_d = 0.01\ \mu\text{F}$。

②不难看出，当前系统已成为"电流、电流变化率双闭环电流调节系统"。经检查无误后，依次闭合控制电路和主电路。

③缓慢增大给定至 $U_n^* = U_{im}^*$ 恒定。系统稳定后，同时调节电流反馈和负载给定至 $I_d =$

$I_{dm} = 1.5I_{dnom}$(设电流过载倍数 $\lambda = 1.5$,若 λ 不同,系数应随之变更)。整定电流反馈系数 β 后,置阶跃开关 S_2 于下方。

④由阶跃开关反复突加给定启动电动机,通过双踪示波器观察启动第一阶段电流上升曲线,并适当变更ACR(DA03)的输出限幅 U_{iBm}^* 直至电流上升率满意(当然,也可保持 U_{iBm}^* 不变,由变更 DA05 单元微分网络的阻容 R_d、C_d,直至电流上升率满意,但比较麻烦)。电流过渡过程曲线若出现过大或过小超调等还应适当变更ACR(DA03)的参数 R_i、C_i,并反复调试直至满意。整定完毕后,停止电机,分断主电路。

注意:理论上电流上升率应尽量接近电机和功率器件允许之最大上升率,以充分利用电机和功率器件的能力,使过渡过程时间最短。通常为了安全应适当取小一些,以防止(dI/dt)的瞬时超限。

⑤恢复ASR(DA01)为PI调节器,参数 R_n、C_n 取实验2优化值。

⑥闭合电动机的励磁开关,并整定至额定励磁电流,按如图1.17.2所示恢复"转速、电流、电流变化率三闭环直流调速系统"的接线(恢复ASR的反馈输入端,由DD02单元的转速反馈信号 U_n 引入)。

⑦(DG01)单元的极性开关 S_1 拨向上方,置给定为 $U_n^* = U_{nm}^* = +8$ V,电机升速至某值稳定后。调节(减小)转速反馈直至 $n = n_{nom}$,以完成转速反馈系数 $\alpha = U_{nm}^*/n_{nom}$ 的整定,并锁定之。

3)"转速、电流、电流变化率三闭环直流调速系统"的跟随性研究

①置"DG01"单元的极性开关 S_1 于下方、阶跃开关于 S_2 上方。保持转速调节器ASR、电流调节器ACR、电流变化率调节器ADR为PI调节器和已整定的参数及限幅,经检查无误后闭合主电路。

②增加给定至 $U_n^* = -8$ V,调节转速反馈直至 $n = n_{nom}$,锁定之;系统稳定运行后,调节负载给定,直至 $I_d = I_{dnom}$;置阶跃开关 S_2 于下方,电机停止后,负载给定调为0。

③反复突加给定启动,用双踪示波器观察空载突加启动时的电流 I_d 和转速 n 的过渡过程曲线,并适当变更DA01、DA03单元的RC阻容值(DA05单元的微分网络和RC阻容值保持不变),直至过渡过程曲线满意。认真临摹一组最满意的电流和转速的过渡过程曲线于图1.17.3。

④将阶跃开关拨向下方,电机停止后;突加给定启动电机,通过双踪示波器观察带载突加启动时的电流 I_d 和转速 n 的过渡过程曲线,并认真临摹于图1.17.3。

⑤分析、讨论图1.17.3各曲线,得出正确结论。

图1.17.3 突加给定启动时的过渡过程曲线

⑥仿照步骤③、④,分别完成低速$1/2U_n^*$空载和带载突加启动,并用双踪示波器观察其电流I_d和转速n的过渡过程。

⑦阶跃启动电机到额定转速n_{nom},直至稳定运行,设定负载在恒转矩模式下为额定转矩,模式选择在2挡与恒转矩挡之间切换可实现负载的突加和突卸,反复切换(适当保持时间间隔),由双踪示波器观察突加和突卸负载时电流I_d和转速n的过渡过程曲线,并认真临摹于图1.17.4。

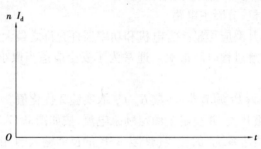

图1.17.4　突加和突卸负载时的过渡过程曲线

*⑧通过左下面板的微机接口电路(DD01),接好微机系统,演示、存储、打印各过渡过程曲线,供撰写实验报告和分析、研究动态性能(未配置微机时,可采用"存储示波器",或将此项内容省略)。

⑨阶跃开关S_1拨向下方,待电机停转后,依次切除主电路、控制电路和断开总电源。

(6)思考题

①调速系统的启动时间主要决定过渡过程的哪一段?"电流变化率内环"主要缩短了哪段时间?

②"电流变化率内环"对系统的动、静态特性有哪些作用?

③引入"电流变化率内环"对系统的抗扰性有利吗?为什么?

④"转速、电流、电流变化率三闭环系统"各调节器的输出限幅、各个反馈系数应如何整定?

⑤将"转速、电流、电流变化率三闭环系统"的转速或电流反馈线的极性接反了,系统将出现什么现象?为什么?

实验18　转速、电流、电压三闭环直流调速系统

(1)实验目的

①本实验为可选实验,大多数情况下可不用做,主要供学生自选或课程设计、专题研究时选用。

②熟悉"转速、电流、电压三闭环直流调速系统"的组成及其工作原理。

③熟悉"电压内环"的特点与调试。

④分析、研究"转速、电流、电压三闭环直流调速系统"的突加给定启动过渡过程和抗干扰性。

(2)实验内容

①"转速、电流、电压三闭环直流调速系统"的静态特性及静态参数整定。

②"转速、电流、电压三闭环直流调速系统"的突加给定启动过渡过程。

③"转速、电流、电压三闭环直流调速系统"的抗干扰性。

(3)实验设备与仪器

①综合实验台主体(主控箱)及其主控电路、转速变换电路(DD02)、电流检测及变换电路(DD06)、电压检测及变换电路(DD09)等单元,以及平波电抗器等。

②可控硅主电路挂箱(DSM01)。

③"触发电路挂箱Ⅱ(DST02)"——DT04。

④"给定单元挂箱(DSG01)"——DG01。

⑤"调节器挂箱Ⅰ(DSA01)"——DA01、DA02、DA03。

⑥"调节器挂箱Ⅱ(DSA02)"——DA04。

⑦直流电动机+磁粉制动器+旋转编码器机组。

⑧慢扫描双踪示波器、数字万用表等测试仪器。

⑨微机及打印机(存储、演示、打印实验波形,可无,但相应内容省略)。

(4)实验电路的组成

"转速、电流、电压三闭环直流调速系统"是对"转速、电流双闭环直流调速系统"的一种改进,其基本特点在于电压内环的作用:

①能改造控制对象(电动机电枢回路)的结构和参数。

②能提高系统抗电网电压波动的能力。

③缩短了启动过渡过程的时间,进一步提高系统的快速性。

系统的组成框图如图1.18.1所示,接线电路如图1.18.2所示。它主要由"DG01""DA01""DA02""DA03""DT04""DA04""DSM01",以及转速(DD02)、电流(DD06)、电压(DD09)变换器等环节组成。

(5)实验步骤与方法

1)实验电路的连接与检查

①本实验系统所使用的单元环节,只是在实验2的基础上,增加了用以组成电压内环的电压调节器AVR(DA04)单元。AVR的调试要点和方法同"DA03"单元,可参阅《调节器挂箱Ⅱ

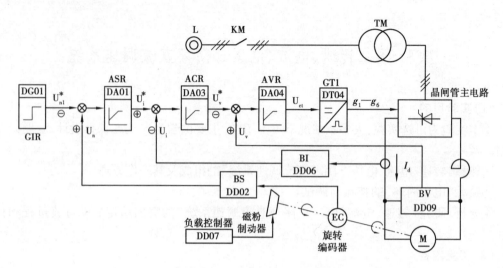

图 1.18.1　转速、电流、电压三闭环直流调速系统组成

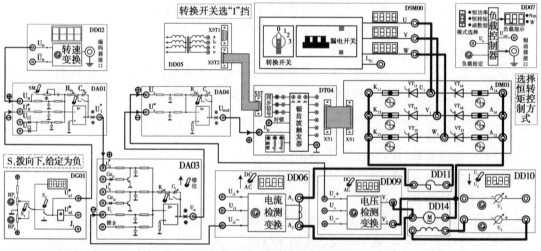

注：各个控制电路以及检测电路的地用细实验导线连起来，但是绝对不能接到主电路的地上

图 1.18.2　转速、电流、电压三闭环直流调速系统

（DSA02）使用说明》。

②按如图 1.18.4 所示连接系统。工作模式选择为"直流调速"闭合电动机励磁开关，并整定至额定励磁电流；负载控制器模式选择为恒转矩模式，负载给定至 0；确保转速和电流的给定和反馈极性正确合理，各反馈强度均调至最大。

③各调节器先接成 1∶1 的比例状态；置给定单元（DG01）单元的极性开关 S_1 于下方、阶跃开关 S_2 于上方，正负给定至 0。

④经实验指导教师检查认可后，接通总电源（电源控制与故障指示（CTD）），检查各指示灯状态，确认无异常后开始下面的步骤。

2）电压内环的整定

①暂且断开转速、电流负反馈引线（ASR、ACR 的反馈输入端 U_n、U_i 由转速、电流检测的输出 U_n、U_{i1} - 引入改由接地 ⊥ 输入）；置 ASR、ACR 为 1∶1 的比例状态，AVR（DD09）按设计参数构成 PI 调节器。闭合主电路，逐步增大转速给定 U_n 至电压给定（ACR 的输出）$U_v = U_{vm}^*$，

电机升速且稳定后,调节(减小)电压反馈直至 $U_d = U_{dnom}$,并锁定反馈系数 γ;电压内环整定完毕,减小给定至 0 V,待电机停止后切除主电路。

②以实验 2 同样的方法和步骤检查、调整除电压内环以外的主要单元环节,并整定相应参数(包括转速、电流反馈系数 α、β,调整过程中可先短接电压内环,整定电流闭环时注意先分断电动机励磁开关,电流闭环整定完毕,及时闭合电动机励磁开关);参数整定完毕,置给定为 0,电机停止后,分断主电路。

③按如图 1.18.2 所示恢复"转速、电流、电压三闭环直流调速系统"的接线。其中,阶跃开关 S_2 拨向下方,DA01、DA03 单元(ASR、ACR)的调节器参数(R_n、C_n、R_i、C_i)取实验 2 整定后的优化值。并认真检查以确保正确无误。

3)"转速、电流、电压三闭环直流调速系统"的突加给定启动过渡过程

①将"DG01"单元的给定设定至 $U_n = U_n^*$。反复阶跃启动电动机,通过双踪示波器观察空载突加给定启动时的电流 I_d 和转速 n 的过渡过程曲线,同时反复协调 ASR 和 ACR 参数(AVR 单元的参数一般可保持不变),直至过渡过程曲线满意,并认真临摹一组最满意的曲线于图 1.18.3。

②阶跃开关 S_2 拨向下方,待电机停止后;再次启动电机直至稳定运行,调节负载给定至电流 $I_d = I_{dnom}$;阶跃开关 S_2 拨向下方,以停止电机。

③重复阶跃启动电机,并通过双踪示波器观察带载突加给定启动时的电流 I_d 和转速 n 的过渡过程曲线,并认真临摹于图 1.18.3。

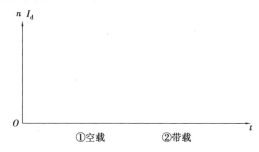

图 1.18.3　突加给定启动时的过渡过程曲线

④将阶跃开关 S_2 拨向下方,待电机停转后,切除主电路。

*⑤通过左下面板的微机接口电路(DD01),接好微机系统,演示、存储、打印各过渡过程曲线,供撰写实验报告和分析、研究动态性能(未配置微机时,可采用"存储示波器",或将此项内容省略)。

4)"转速、电流、电压三闭环直流调速系统"的抗干扰性

①闭合主电路,阶跃启动电机到给定转速直至稳定运行。

②设定负载在恒转矩模式下为额定转矩,模式选择在 2 挡与恒转矩挡之间切换可实现负载的突加和突卸,反复切换(适当保持时间间隔),由双踪示波器观察突加和突卸负载时电流 I_d 和转速 n 的过渡过程曲线,并认真临摹于图 1.18.4。

*③通过左下面板的微机接口电路(DD01),接好微机系统,演示、存储、打印各过渡过程曲线,供撰写实验报告和分析、研究动态性能(未配置微机时,可采用"存储示波器",或将此项内容省略)。

④实验完毕,将阶跃开关拨向下方,待电机停转后,依次切除主电路、控制电路和主电源。

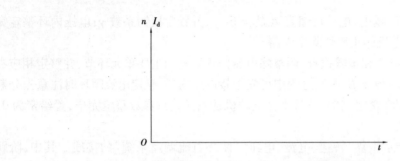

图 1.18.4　突加和突卸负载时的过渡过程曲线

⑤注:电压调节器的输出端子 Uct 接一分流电阻,分流电阻的另一端通过钮子开关接地,还可由分、合钮子开关模拟电压内环的抗电网电压波动实验(正确选定分流电阻以设定电网电压向下波动 10% ~20%),此处从略。

(6)思考题

①引入电压内环对系统的跟随性和抗干扰性各有何影响?

②如何整定"转速、电流、电压三闭环系统"中的电流闭环及电流反馈系数 β? 电压内环对系统的动、静态特性有何影响?

③为什么说电压内环对系统抗电网电压波动有特殊的功效?

④转速、电流和电压 3 个调节器都为 PI 调节器的三环调速系统稳定运行后,电压反馈线突然断开,系统将发生什么样的变化?

⑤试分析"电压内环"在系统中的主要作用。

实验19　转速、电流双闭环控制的鼠笼转子异步电动机变压调速系统

（1）**实验目的**

①熟悉"转速、电流双闭环控制的鼠笼转子异步电动机变压调速系统"的组成及其工作原理。

②熟悉"转速、电流双闭环控制的鼠笼转子异步电动机变压调速系统"及其主要单元环节的调试。

③分析、研究"转速、电流双闭环控制的鼠笼转子异步电动机变压调速系统"的静态特性及其特点。

④分析、研究"转速、电流双闭环控制的鼠笼转子异步电动机变压调速系统"的过渡过程及其参数对系统动态性能的影响。

（2）**实验内容**

①系统的单元调试及系统静态参数的整定。

②"转速、电流双闭环控制的鼠笼转子异步电动机变压调速系统"的静态特性测试。

③分析、研究"转速、电流双闭环控制的鼠笼转子异步电动机变压调速系统"突加给定启动和突加负载过渡过程及其参数对系统动态性能的影响。

（3）**实验设备与仪器**

①实验台主体（主控制箱）及其主控电路、转速变换（DD02）、电流检测及变换（DD06）单元以及负载控制器（DD07）。

②触发电路挂箱Ⅱ及可控硅主电路挂箱（DSM01）的晶闸管组Ⅰ单元。

③给定挂箱（DSG01）及调节器挂箱（DSA01）。

④控制器挂箱Ⅰ（DSC01）。

⑤鼠笼转子异步电动机+磁粉制动器+旋转编码器。

⑥慢扫描双踪示波器。

⑦数字万用表等测试仪器。

⑧微机及打印机（存储、演示、打印实验波形，可无，但相应内容省略）。

（4）**实验电路的组成**

"转速、电流双闭环控制的鼠笼转子异步电动机变压调速系统"是一种既简单又有一定实用价值的交流变压调速系统，采用双环结构使系统的静、动态性能大有好转，在调速范围要求不高的中小容量异步电动机"交流调速系统"中还有应用。"转速、电流双闭环控制的鼠笼转子异步电动机变压调速系统"的组成系统框图如图1.19.1所示，具体接线如图1.19.2所示。如图1.19.1所示，系统由"DG01""DA01""DA03""DT04"，转速变换（DD02），电流检测变换（DD06）单元，以及主控电路、负载控制器（DD07）、异步电动机+磁粉制动器+旋转编码器机组等组成。

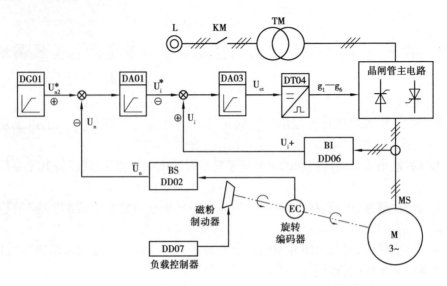

图 1.19.1 转速、电流双闭环控制的鼠笼转子异步电动机变压调速系统框图

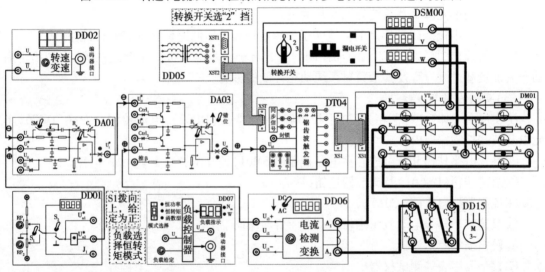

注:各个控制电路挂箱以及监测电路的地用细实验导线连起来,但不能与主电路地相连

图 1.19.2 转速、电流双闭控制的鼠笼转子异步电动机变压调速系统

(5)实验步骤与方法

1)实验电路的连接与检查

①本实验系统所使用的单元环节,与实验 1 基本相同,只是增加了 DA01(ASR)、DA03(ACR₁)两个调节器,以组成转速、电流双闭环。DA01、DA03 的调试方法和要点详见《调节器挂箱 I(DSA01)使用说明》。

②按照如图 1.19.2 所示连接系统线路,"状态切换"置"交流调速"挡;检查转速和电流闭环的给定、反馈以及 ACR 的输出极性是否符合要求,将反馈系数 α、β 调至最大;将给定单元(DG01)的极性开关 S_1、阶跃开关 S_2 拨向上方,并且设置正、负给定为 0;负载给定调至 0;经实验指导教师检查确认后,闭合总电源开关,检查各指示灯状态,确认无异常后开始下面的步骤。

③ASR、ACR 经 RC 阻容环节接成 1:1 的比例状态($R_0 = 40 \text{ k}\Omega$),两个反馈输入端先改为

接地"⊥"(即暂时去掉转速和电流负反馈输入)。

④闭合控制回路(左下面板控制按钮 ON),分别旋动正、反向给定电位器(由极性开关切换),依次使给定为 ±0.5、±2 V,用万用表分别测量 ASR、ACR 的输入、输出,检查其比例特性;取 $U_n^* = \pm 2$ V,两调节器外接 RC 电容取 $C_n = C_i = 0.5 \sim 1\,\mu$F,测量 ASR、ACR 的输出,按要求整定限幅值 U_{im}^*、U_{ctm},录入表 1.19.1 中,并恢复 ASR、ACR 为 1:1 的比例状态。

⑤用"慢扫描双踪示波器"检查"触发单元(DT04)"。当 $U_n^* = 0$ 时,应满足 $\alpha = 150°$,并检查 g_1—g_6 各相脉冲是否对称。

⑥恢复转速和电流负反馈,即将 ASR 的反馈输入端恢复由"转速变换电路(BS)"单元输出端引入,ACR 的反馈输入端恢复由"电流检测及变换单元(DD06)"的"U_{i+}"端引入,同时将反馈系数 α、β 调至最大。

2)系统静态参数整定

①置正、负给定输出为 0;阶跃开关、极性开关拨向上方;ASR、ACR 按设计、计算参数(R_n、C_n、R_i、C_i)接成 PI 调节器。

②依次闭合控制电路、主电路,读取任一相定子电压;逐步增加给定至 $U_{n2}^* = U_{nm}^* = +8$ V;待电机升速且稳定后,调节转速反馈,使转速 n 继续上升,直至 $U_S = U_{Snom}$、$n = n_0$;锁定转速反馈,读取相应数据并计算转速反馈系数 $\alpha = U_{nm}^*/n_0$,并录入表 1.19.1 中。

表 1.19.1　双闭环控制的交流变压调速系统的主要静态参数

额定参数	$P_{nom} =$　　W		$n_{nom} =$　　r / min		$U_{Snom} =$　　V		$I_{Snom} =$　　A
计算参数	$R_n =$　　kΩ		$C_n =$　　μF		$R_i =$　　kΩ		$C_i =$　　μF
调节器限幅/V		负载转矩/(N·m)			反馈系数	$\alpha = U_{nm}^*/n_0$ $\beta = U_{inom}^*/I_{Snom}$	
U_{im}^*	U_{ctm}	T_{Gnom}		T_{Gmin}		α	β

③将负载控制器设置为恒转矩模式,同时调节电流反馈和负载给定,直至 $n = n_{nom}$,$T_G = T_{Gnom}$(T_{Gnom} 和后述 T_{Gm} 同表 1.19.2 或实验室提供)。用万用表测量此时的给定电压 U_i^*,读取转矩 T_G 此即额定定子电流 I_{Snom} 时的 ASR 输出值 U_{inom}^* 和额定负载 T_{Gnom},计算反馈系数 $\beta = U_{inom}^*/I_{Snom}$,将 β 及 T_{Gnom} 均录入表 1.19.1 中。

④锁定电流反馈,调节负载给定,直至 $T_G = T_{Gm}$,读取此时之负载显示值,即 $T_G = T_{Gmin}$ 录入表 1.19.1 中。最后减小给定至 0,直至电机停止。

3)系统静态特性测试

①负载转矩 T_G 置 0,给定调至 $U_n^* = U_{nm}^* = +8$ V,系统稳定后,调节负载转矩 T_G,顺次使负载转矩在 $0 \sim T_{Gnom} \sim T_{Gm}$,分别读取转速 n 和负载转矩 T_G 等 5 组数据录入表 1.19.2 中。当 T_G 大于 T_{Gm} 后,注意观察 n 和 T_G 的变化,并读取堵转时的负载转矩 T_{Gb},计算转差率 $S = (n_0 - n)/n_0$、转矩比 $T_G^* = T_G/T_{Gm}$、$T_{Gb}^* = T_{Gb}/T_{Gm}$ 录入表 1.19.2 中。

表1.19.2　双闭环控制的交流变压调速系统闭环静态特性实验数据

U_n^*	$U_n^* = U_{nm}^*$						$U_n^* = (1/2)U_{nm}^*$					
$T_G/(N·m)$	0	T_{G1}	T_{Gnom}	T_{G3}	T_{Gm}	T_{Gb}	0	T_{G1}	T_{Gnom}	T_{G3}	T_{Gm}	T_{Gb}
T_G^*												
$n/(r·min^{-1})$	n_0 (S_0)	n_1 (S_1)	n_2 (S_{nom})	n_3 (S_2)	n_m (S_m)	0	n_0' (S_0')	n_1' (S_1')	n_2' (S_2')	n_3' (S_3')	n_m' (S_m')	0
S												

②减小给定至0,电机停止后,负载给定置0。

③给定电压调至 $U_n^* = (1/2)U_{nm}^* = +4$ V,待系统稳定后读取转速 n_0',并闭合负载开关;重复步骤①,分别读取转速 n' 和负载转矩 T_G' 以及堵转转矩 T_{Gb}',并计算相应的转差率 $S = (n_0' - n')/n_0'$ 和转矩比 $T_G^* = T_G'/T_{Gm}$,$T_{Gb}^* = T_{Gb}'/T_{Gm}$ 录入表1.19.2中。

④减小给定至0,停止电机后,切除主电路,负载给定置0。

⑤分别按表1.19.2数据绘制高、低速两条静态特性 $S = f(T_G^*)$,即 $S = f(I_e^*)$ 于图1.19.2中,同时将固有特性重复用虚线绘出。分析双闭环控制的交流变压调速系统的静态特性,并与实验1的开环机械特性相比较。

4)系统启动与制动

①置正、反向给定分别至 $U_n^* = U_{nm}^* = +8$ V;极性开关拨向上方,阶跃开关拨向下方;保持ASR、ACR为PI调节器的计算参数;按表1.19.2将负载转矩调至 $T_G = T_{Gnom}$,分断负载开关;检查无误后闭合主电路。

②通过阶跃开关空载、正向启动电机至空载转速 n_0,用双踪示波器分别测转速和电流变换单元(DD02、DD06)的输出端,观察转速 n 和定子电流 I_s 的波形;协调两个调节器的参数,并反复启、制动直至过渡过程曲线满意;完成双闭环控制的交流变压调速系统,积分给定时的空载启、制动至 n_0(高速)和 $(1/2)n_0$(低速)实验。认真临摹最满意的两组(高、低给定)正向空载启、制动过渡过程的转速 n 和定子电流 I_s 的波形,绘于图1.19.4中;最后将阶跃开关拨向下方,直至电机停止。

③"给定及给定积分器(GIR)单元"由积分输出"U_{n2}^*"改为阶跃输出"U_{n1}^*";闭合负载开关;阶跃启动电机到额定转速直至稳定,调节负载给定电位器,使负载转矩 $T_G = T_{Gnom}$;重复步骤②,分别完成:双闭环控制的交流变压调速系统,空载和带载时的突加给定启、制过渡过程实验,同时用双踪示波器分别观察空载和带载时,突加给定启、制动电机转速 n 和定子电流 I_s 的波形,认真临摹两组(空载、带载)正向阶跃启、制动的过渡过程曲线,并绘于图1.19.4中。

﹡④通过左下面板的微机接口电路(DD01),接好微机系统,演示、存储、打印步骤②、③的过渡过程曲线,供撰写实验报告,分析、研究系统动态性能(未配置微机时,可采用"存储示波器",或省略此项内容)。

⑤阶跃开关拨向下方,待电机停止后,切除主电路;分析、比较图1.19.3、图1.19.4的过

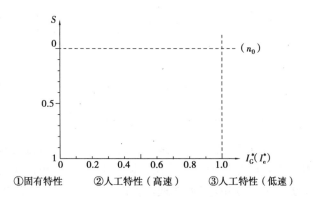

图 1.19.3　双闭环控制的交流变压调速系统的闭环静态特性

图 1.19.4　双闭环交流调压调速系统积分给定时的
空载正向启、制动过渡过程曲线

图 1.19.5　双闭环交流调压调速系统突加给定时的
正向启、制动过渡过程曲线

渡过程曲线,得出正确结论。

5)突加负载时的抗干扰性研究

①任意设定某个给定 U_n^*(或 U_{nm}^*);接好双踪示波器,准备观察电机转速 n 和定子电流 I_s 的波形。

②闭合主电路,阶跃启动电机到给定转速直至稳定运行。

③先后阶跃给定负载(将模式选择挡由 2 转换到恒转矩可实现阶跃),适当选择不同间隔时间,同时由双踪示波器观察双闭环控制的交流变压调速系统,突加和突卸负载时的电机转速 n 和定子电流 I_s 的过渡过程曲线,认真临摹绘于图 1.19.5 中,并分析、讨论。

*④通过左下面板的微机接口电路(DD01),接好微机系统,演示、存储、打印突加和突卸负载时的过渡过程曲线,供撰写实验报告,分析、研究系统动态性能(未配置微机时,可采用"存储示波器",或省略此项内容)。

图 1.19.6　双闭环交流调压调速系统突加、突卸负载时的过渡过程曲线

　*⑤如果需要,本实验台可通过 DA01 单元的微分开关 SM(拨向下方),实现转速微分负反馈。本单元转速微分负反馈的 RC 参数按通用性配置,不尽完美。若欲调整,必须从 DSA01 挂箱内部本单元的电路板中变更,务必注意。

　⑥实验完毕,将阶跃开关拨向下方,待电机停转后,依次切除主电路和控制电路,最后断开总电源。

　(6)思考题

　①电流内环在"双闭环交流调压调速系统"中的主要作用是什么?

　②试分析"双闭环交流调压调速系统"的抗负载扰动能力。

　③"双闭环交流调压调速系统",在其他参数不变且为恒转矩负载的条件下,分别改变反馈系数 α、β,系统的电机转速 n 和定子电流 I_s 将有何变化? 与相同条件的"双闭环直流调速系统"相比有何异同?

　④有时在"转速、电流双闭环交流调速系统"中,还引入"给定积分器",其主要目的是什么?

实验20　转速、电流双闭环控制的绕线转子异步电动机串级调速系统

（1）实验目的

①熟悉"转速、电流双闭环控制的绕线转子异步电动机串级调速系统"的组成及其工作原理。

②熟悉"双闭环控制的串级调速系统"及其主要单元环节的调试。

③研究"双闭环控制的串级调速系统"静态特性及其特点。

④分析、研究"双闭环控制的串级调速系统"阶跃启动过渡过程及其参数对系统动态性能的影响。

⑤分析、研究"双闭环控制的串级调速系统"的抗干扰性及其特点。

（2）实验内容

①系统的单元调试及系统静态参数的整定。

②"双闭环控制的绕线转子异步电动机串级调速系统"的静态特性测试。

③"双闭环控制的串级调速系统"的启、制动控制。

④"双闭环控制的串级调速系统"的抗负载扰动特性的研究。

（3）实验设备与仪器

①综合实验台主体（主控制箱）及其主控电路、转速变换（DD02）、电流变换（DD06）单元。

②触发电路挂箱Ⅱ（DST02）。

③可控硅主电路挂箱（DSM01）。

④串级调速辅助挂箱（DSM03）。

⑤给定挂箱（DAG01）。

⑥调节器挂箱Ⅰ（DSA01）。

⑦绕线转子异步电动机—磁粉制动器—旋转编码器机组。

⑧慢扫描双踪示波器。

⑨数字万用表等测试仪器。

⑩微机及打印机（存储、演示、打印实验波形，可无，但相应内容省略）。

（4）实验电路的组成

"转速、电流双闭环控制的绕线转子异步电动机串级调速系统"同样有间接启动和直接启动两种控制方式。此处以采用直接启动方式组成"转速、电流双闭环控制的串级调速系统"为例，也可自行采用间接启动方式组成"转速、电流双闭环控制的串级调速系统"。

本实验所使用的单元环节，与实验3基本相同，只是增加了ASR、ACR两个调节器，以组成转速、电流双闭环。ASR、ACR的调试方法和要点详见《调节器挂箱Ⅰ（DSA01）使用说明》。

"转速、电流双闭环控制的绕线转子异步电动机串级调速系统"的组成框图如图1.20.1所示，接线电路如图1.20.2所示。它由"DG01""DA01""DA03""DT04""DSM01""转速变换（BS）""电流检测及变换单元（DD06）"，以及"主控电路""绕线转子异步电动机＋磁粉制动器＋旋转编码器机组"组成。

59

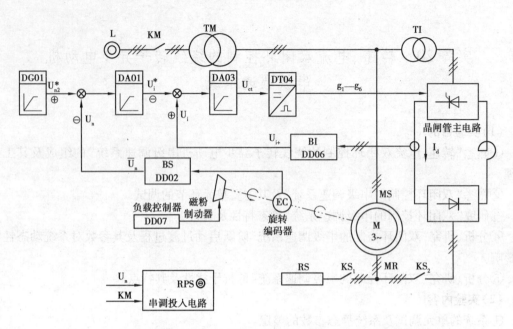

图 1.20.1　转速、电流双闭环控制的绕线转子异步电动机串级调速系统框图

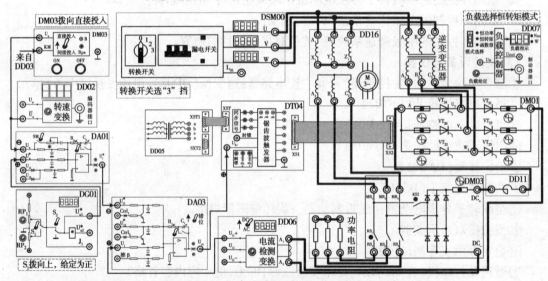

注：各个控制电路挂箱以及监测电路的地用细实验导线连起来，但不能与主电路地相连

图 1.20.2　转速、电流双闭环控制的绕线转子异步电动机串级调速系统

（5）实验步骤与方法

1）实验电路的连接与检查。

采用直接启动方式的"转速、电流双闭环控制的串级调速系统"的启、制动操作，与实验 3 的"直接启动控制方式"一样。启动时，除同样须将逆变器先于电动机接到交流电网外，还应使电动机的定子先与交流电网接通（此时，转子呈开路状态），以防止电动机启动合闸时的合闸过电压经转子回路损坏整流装置，然后再使电动机转子回路与转子整流器接通。为此，应首先将"串调投入方式"置"直接"投入方式，使"串调投入单元"一开始就将"电动机转子回路与转子整流器"处于待接通状态。主电路闭合将电动机的定子与交流电网接通后，接触器"KS_2"

闭合使电动机转子回路与转子整流器接通,"接触器 KS$_1$"则始终断开而将启动电阻 RS 分断。停车时,也应先断开"接触器 KS$_2$"(使电动机转子回路与串级调速装置脱离),再断开主电路接触器。以上启、制动过程由逻辑电路及相应的继电器、接触器按顺序自动实现,实验时只需操作启动开、关按钮即可。

①按如图 1.20.2 所示连接系统,"状态切换"置"交流调速"挡,并检查转速和电流闭环的给定、反馈以及 ACR 的输出极性是否符合要求,将反馈系数 α、β 调至最大;将给定单元(DG01)的极性开关、阶跃开关拨向上方,并置正、负给定为 0;负载给定置 0;经实验指导教师检查认可后,闭合总电源开关,检查各指示灯状态,确认无异常后开始下面的步骤。

②ASR、ACR 经 RC 阻容箱($R_0 = 40$ kΩ)接成 1:1 的比例状态,两个反馈输入端均改为由控制接地"⊥"端引入(即暂行去掉转速和电流负反馈)。

③闭合控制回路(左下面板控制按钮 ON),分别旋动正、反向给定电位器(由极性开关切换),依次使给定为 ±0.5、±2 V,用万用表分别测量 ASR、ACR 的输入、输出,检查其比例特性;取 $U_n^* = \pm 2$ V,两调节器 RC 外接电容改取 $C_n = C_i = 0.5 \sim 1$ μF,测量 ASR、ACR 的输出,按要求整定限幅值 U_{im}^*、U_{ctm},并录入表 1.20.1 中;ASR、ACR 恢复 1:1 的比例状态。

④用"慢扫描双踪示波器"检查"触发单元(DT04)GT$_1$"的零位以及 g_1—g_6 各相脉冲是否对称,务必确保当 $U_n^* = 0$ 时,$\beta = \beta_{min} = 30°$,若有误差可微调"偏置"或"$\pm \beta_{min}$"。

⑤恢复转速和电流负反馈,即将 ASR 的反馈输入端恢复由"转速变换电路(BS)"单元的负极性输出端引入,ACR 的反馈输入端恢复由"电流检测及变换电路(DD06)"的 U_{iI+}(或 U_{iII+})端引入,同时将反馈系数 α、β 调至最大。

2)系统静态参数整定

①置正、负给定输出为 0;极性开关 S_1、阶跃开关 S_2 拨向上方;ASR、ACR 按设计、计算参数(R_n、C_n、R_i、C_i)接成 PI 调节器。

②闭合主电路;逐步增加正向给定至 $U_n^* = U_{nm}^* = +8$ V;待电机升速且稳定后,调节转速反馈,使转速 n 继续上升,直至 $n = n_0$;锁定转速反馈,读取数据并计算转速反馈系数 $\alpha = U_{nm}^*/n_0$ 录入表 1.20.1 中。

③闭合负载开关,同时调节电流反馈和负载给定 U_G^*,直至 $n = n_{nom}$,$T_G = T_{Gnom}$,用万用表测量此时的给定电压 U_i^* 读取负载转矩给定,此即额定定子电流 I_{Snom} 时的 ASR 输出值 U_{inom}^* 和额定负载转矩 T_{Gnom},计算反馈系数 $\beta = U_{inom}^*/I_{Snom}$,将其及 T_{Gnom} 录入表 1.20.1 中。

④锁定电流反馈,调节负载转矩 T_G,直至 $T_G = T_{Gm}$,读取此时之负载转矩,即 $T_G = T_{Gmin}$ 录入表 1.20.1 中。最后减小给定至 0,直至电机停止。

表 1.20.1　双闭环控制的交流串级调速系统的主要静态参数

额定参数	$P_{nom} =$		W	$n_{nom} =$		r/min	$U_{Snom} =$		V	$I_{Snom} =$	A
计算参数	$R_n =$		kΩ	$C_n =$		μF	$R_i =$		kΩ	$C_i =$	μF
调节器限幅/V		负载转矩/(N·m)			负载给定/V			反馈系数		$\alpha = U_{nm}^*/n_0$ $\beta = U_{inom}^*/I_{Snom}$	
U_{im}^*	U_{ctm}	T_{Gnom}		T_{Gm}	U_{Gnom}^*		U_{Gmin}^*	α		β	

3）系统的静态特性测试

①负载控制器置恒转矩挡，负载给定置0，给定调至 $U_n^* = U_{nm}^* = +8$ V，系统稳定后，调节负载给定，使负载转矩在 $0 \sim T_{Gnom} \sim T_{Gm}$，分别读取转速 n 和负载转矩 T_G 等5组数据，并录入表1.20.2中。当 T_G 大于 T_{Gm} 后，注意观察 n 和 T_G 的变化，并读取堵转时的负载转矩 T_{Gb}，计算相应的转差率 $S = (n_0 - n)/n_0$、转矩比 $T_G^* = T_G/T_{Gm}$，$T_{Gb}^* = T_{Gb}/T_{Gm}$，并录入表1.20.2中。

②减小给定至0，电机停止后，将负载给定置0。

③给定电压调至 $U_n^* = (1/2)U_{nm}^* = +4$ V，待系统稳定后读取转速 n_0'，并调节负载转矩，重复步骤①；分别读取转速 n' 和负载转矩 T_G' 以及堵转转矩 T_{Gb}'，并计算相应的转差率 $S = (n_0 - n')/n_0$ 和转矩比 $T_G^* = T_G'/T_{Gm}$ 以及 $T_{Gb}^* = T_{Gb}'/T_{Gm}$，并录入表1.20.2中。

④减小给定至0，停止电机后，切除主电路，置负载给定为0。

⑤分别按表1.20.2数据在图1.20.3中绘制高、低速两条静态特性 $S = f(T_e^*)$，同时用虚线在图1.20.3重复绘出固有特性。分析双闭环控制的交流串级调速系统的静态特性，并得出结论。

表1.20.2　双闭环控制的交流串级调速系统闭环静态特性实验数据

U_n^*	$U_n^* = U_{nm}^*$						$U_n^* = (1/2)U_{nm}^*$					
$T_G/(N \cdot m)$	0	T_{G1}	T_{Gnom}	T_{C3}	T_{Gm}	T_{Gb}	0	T_{G1}	T_{Gnom}	T_{C3}	T_{Gm}	T_{Gb}
T_G^*												
$n/(r \cdot min^{-1})$	n_0 (S_0)	n_1 (S_1)	n_2 (S_{nom})	n_3 (S_2)	n_m (S_m)	0 n_0'	(S_0') n_1'	(S_1') n_2'	(S_2') n_3'	(S_3') n_m'	(S_m')	0
S												

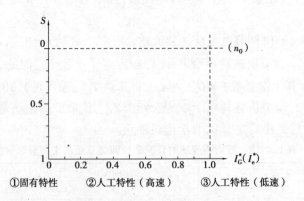

图1.20.3　双闭环控制的交流串级调速系统的闭环静态特性

4）系统启、制动以及直接正、反转控制

①置给定至 $U_n^* = U_{nm}^* = \pm 8$ V；极性开关拨向上方，阶跃开关拨向下方；保持 ASR、ACR 为给定参数 PI 调节器；按表1.20.1将负载转矩调至 $T_G = T_{Gnom}$，分断负载（先将模式选择挡打到2挡，要突加负载时按模式选择开关到恒转矩挡1挡即可实现）；并将给定及给定积分器

（GIR）单元由积分输出"U_{n2}^*"改为阶跃输出"U_{n1}^*"；检查无误后闭合交流电路。

②空载、正向阶跃启动至空载转速n_0，用双踪示波器分别测转速变换（DD02）和电流检测变换单元（DD06）的输出端，观察转速n和转子整流电流I_d的波形；协调两个调节器的参数，反复启、制动直至过渡过程曲线满意。

③依次完成：空载和带载阶跃启、制动的过渡过程实验。认真临摹最满意的两组（空载和带载）启、制过渡过程的转速n和定子电流I_s的波形，分别绘于图1.20.4（a）、1.20.4（b）；最后将阶跃开关拨向下方，直至电机停止。待电机停止后，切除主电路。

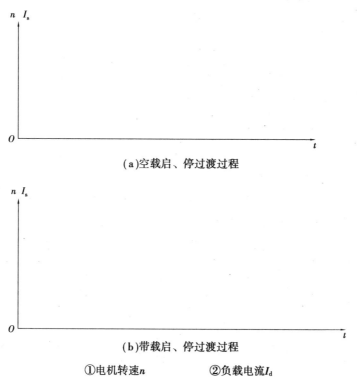

（a）空载启、停过渡过程

（b）带载启、停过渡过程

①电机转速n　　　②负载电流I_d

图1.20.4　双闭环串级调速系统空载和带载时突加给定的启、制动曲线

*④通过左下面板的微机接口电路（DD01），接好微机系统，演示、存储、打印步骤②、③的过渡过程曲线，供撰写实验报告，分析、研究系统动态性能（未配置微机时，可采用"存储示波器"，或省略此项内容）。

⑤比较图1.20.4（a）、图1.20.4（b）的过渡过程曲线，得出正确结论。

5）突加负载时的抗扰性研究

①任意设定某个给定U_n^*（或U_{nm}^*）；接好双踪示波器，准备观察电机转速n和定子电流I_s的波形。

②闭合主电路，阶跃启动电机到给定转速直至稳定运行。

③先后闭合、分断负载（用模式选择开关2挡与恒转矩挡1挡之间切换可实现分断、闭合负载），适当选择不同间隔时间，同时由双踪示波器观察双闭环控制的交流串级调速系统，突加和突卸负载时的电机转速n和定子电流I_s的过渡过程曲线，在图1.20.5中认真临摹，分析并讨论。

*④通过左下面板的微机接口电路(DD01),接好微机系统,演示、存储、打印突加和突卸负载时的过渡过程曲线,供撰写实验报告,分析、研究系统动态性能(未配置微机时,可采用"存储示波器",或省略此项内容)。

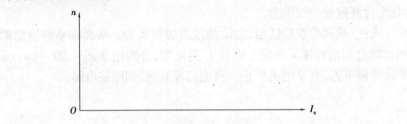

图 1.20.5 双闭环串级调速系统突加、突卸负载时的过渡过程曲线

*⑤如果需要,本实验台还可通过 DA01 单元的微分开关 SM(拨向下方),实现转速微分负反馈。本单元转速微分负反馈的 RC 参数按通用性配置,不尽完美。若欲调整,必须从挂箱内部本单元的电路板中变更,务请注意。

⑥实验完毕,将阶跃开关拨向下方,待电机停转后,依次切除主电路和控制电路,最后断开总电源开关。

(6)**思考题**

①"直接启动控制的交流串级调速系统"的启、停控制必须遵循哪些原则? 为什么? 为何要将"串调投入单元"的电位器 RP_3 调至 0(⊥)端?

②试分析、比较"直接启动的双闭环交流串级调速系统"的闭环静态特性(图 1.20.3)与其开环机械特性有何异同。为什么?

③试分析系统的抗负载扰动的能力。当定子电压出现波动时,"转速、电流双闭环控制的交流串级调速系统"有无抗干扰能力? 为什么?

④"双闭环交流串级调速系统",在其他参数不变且为恒转矩负载的条件下,分别改变反馈系数 α、β,系统的电机转速 n 和转子整流电流 I_d 将有何变化? 为什么?

⑤实验 1、实验 4 所研究的"交流串级调速系统"为什么没有制动能力? 如何才能使"交流串级调速系统"具有制动能力? 利用本实验台能否实现?

附录1　实验注意事项

①"综合实验台"及其挂箱初次使用或较长时间未用时,实验前务必对"实验台"及其挂箱进行全面检查和单元环节调试。

②实验前,务必设置"工作模式选择"开关(直流调速、交流调速、电力电子、高级应用),并按附表1正确选择主变压器二次侧相电压,认真检查各开关和旋钮的位置以及实验接线是否正确,经教师审核、检查无误后方可开始实验。

附表1　主变压器二次侧相输出电压及其适用范围

转换开关 SC 位号	3	2	1
二次电压(线/相)	~380/220 V	220/127 V	90 V/52 V
适用范围	线电压380 V鼠笼电机变频调速、调压调速及绕线电机的串级调速	220 V直流电动机可逆调速、线电压220 V鼠笼电机变频调速与调压调速	110 V直流电动机可逆调速

③出现任何异常,务必立即切除实验台总电源(或按急停按钮)。

④为防止调速系统的振荡,在接入调节器时必须同时接入 RC 阻容箱,先设定为 1∶1 的比例状态,实验中按需再行改变阻容值,直至满足要求。

⑤本实验台"过流"信号取自"三相电流检测(DD04)"单元。因此,在所有交、直流实验电路中都已接入(DD04)单元,但应经常检查,确保过流保护的完好、可靠。

⑥实验过程中,注意监视主电路的过载电流,不超过系统的允许值,并尽可能缩短必要的过载和堵转状态的时间。

⑦无"电流闭环"又无"电流截止负反馈"的系统,务必采用"给定积分"输出,否则不可阶跃启动,应从 0 V 缓慢起调。

⑧"闭环系统"主控开启前,务必确保负反馈接线正确、各个调节器性能良好、限幅值正确无误。

⑨实验前,先将负载给定调到"0"(若用发电机负载则将变阻器开路或置于阻值最大),实验中按需要逐步增大负载,直至所要求的负载电流。

⑩"电流开环"的交流调速系统,给定应接积分输出(U_n*2)给出。

⑪"双踪示波器"测试双线波形,严防因示波器"双表笔"已共地而引起系统短路。

⑫本实验注意事项适用于采用本实验台的所有实验。

任何改接线,首先断电源;一旦有异常,按急停开关。

附录2 电枢回路 R、L 参数及时间常数 T_e、T_m 的实验测定

(1)电枢回路电阻 R、R_a、R_L、R_n 的测定

电枢回路总电阻 R 包括电动机的电枢电阻 R_a、电抗器的直流电阻 R_L、整流装置的内阻 R_n,以及电枢回路的附加电阻、线路电阻(合计为 R_c,无附加电阻时常取 $R_c = 0$)等。于是,电枢回路总电阻为

$$R = R_a + R_L + R_n + R_c$$

电动机电枢回路各电阻可采用伏安比较法实验测定,线路如附图1所示。

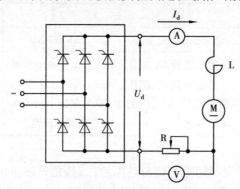

附图1 电阻参数的测定

按附图1接线,变阻器 R 采用3个负载电阻并联,电动机 M 不接励磁使其堵转。调节 U_{CT}(可将给定电压直接引向触发单元的 U_k 端子)使整流装置的输出电压 $U_d = (30 \sim 70)\% \cdot U_{NOM}$,并使 $I_d = (80 \sim 90)\% \cdot I_{NOM}$,读取电流、电压值为 I_1、U_1,得整流装置的理想空载电压为

$$U_{d0} = I_1 R + U_1$$

减少一个并联负载电阻使 R 值增加,在 U_{d0} 不变的条件下(即保持 U_{CT} 恒定),重新读取电流、电压值为 I_2、U_2,得整流装置的理想空载电压为

$$U_{d0} = I_2 R + U_2$$

求解以上两式,可得电枢回路总电阻为

$$R = \frac{U_2 - U_1}{I_1 - I_2}$$

短接电枢两端,重复上述步骤,得除电枢电阻 R_a 以外的电枢回路电阻 R' 为

$$R' = \frac{U_2' - U_1'}{I_1' - I_2'}$$

于是,电动机的电枢电阻

$$R_a = R - R'$$

同理,短接电抗器两端,可测得电抗器的直流电阻 R_L,忽略电枢回路线路电阻(取 $R_c = 0$),即可得到整流装置的内阻为

$$R_n = R - R_a - R_L$$

（2）**电枢回路电感 L、L_a、L_L 的测定**

电枢回路总电感 L 包括电机的电枢电感 L_a、电抗器电感 L_L 和整流变压器漏感 L_n。通常整流变压器漏感 L_n 很小，可忽略，即

$$L = L_a + L_L$$

电枢回路的电感可采用交流伏安法测定，即按附图 2 接线，直流电动机 M 加额定励磁，电枢回路施加有效值小于电机直流电压额定值的交流电压 U_2，并使电机堵转，同时观察使电枢电流有效值不超过其直流电流额定值。用交流电压表、电流表分别测出施加交流电压后电机电枢两端和电抗器上的电压 U_a、U_L 和电枢回路电流 I_a，可求得电机和电抗器的交流阻抗 Z_a 和 Z_L，即

$$\begin{cases} Z_a = \dfrac{U_a}{I_a} \\[2mm] Z_L = \dfrac{U_L}{I_a} \end{cases}$$

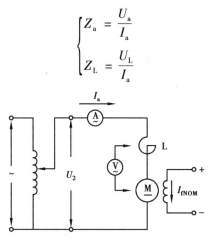

附图 2　电感参数的测定

由此可直接得出

$$\begin{cases} L_a = \dfrac{\sqrt{Z_a^2 - R_a^2}}{2\pi f} \\[3mm] L_L = \dfrac{\sqrt{Z_L^2 - R_L^2}}{2\pi f} \\[3mm] L = L_a + L_L + L_n \approx L_a + L_L \end{cases}$$

（3）**时间常数 T_e、T_m 的测定**

1）电枢回路电磁时间常数 T_e 的实验测定

电动机电枢回路的电磁时间常数 T_e 可通过实验测定，在已知或已测定电枢回路总电阻 R、总电感 L 的情况下，也可根据其定义直接计算求得。

根据定义，电枢回路的电磁时间常数

$$T_e = \frac{L}{R}$$

可采用电流波形法实验测定电枢回路的电磁时间常数 T_e，当电枢回路突加给定电压时，电枢回路电流 i_d 将按指数规律上升，即

$$i_d = I_d\left(1 - e^{-\frac{t}{T_e}}\right)$$

当 $t = T_d$ 时，有

$$i_d = I_d(1 - e^{-1}) = 0.632I_d$$

电枢回路突加给定电压时,电枢回路电流 i_d 的变化曲线和实验测定线路分别如附图3、附图4所示。测定时,电机不加励磁,调节 U_{ct} 使电枢电流为 $(50 \sim 90)\% I_{nom}$ 并保持 U_{ct} 不变,突然闭合主电路开关 KM,并用光线示波器拍摄电枢电流 $i_d = f(t)$ 的波形。由波形得电流由0上升至 $63.2\% I_d$ 所需的时间,即为电枢回路的电磁时间常数 T_e。

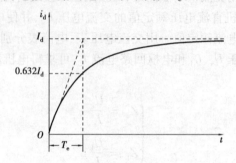

附图3 电枢电流 I_d 的变化曲线

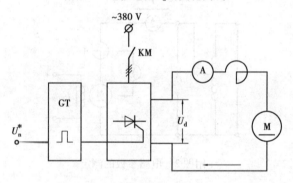

附图4 测定 T_e 的实验线路

2)机组机电时间常数 T_m 的实验测定

确定机组机电时间常数 T_m,需要先知道包括拖动电动机、负载发电机、测速发电机等同轴连接的各类机电设备在内的整个电力拖动系统运动部分的总飞轮转矩 GD^2,拖动电动机的电势常数 C_e 和转矩常数 C_m。

电力拖动系统运动方程式

$$T_e - T_L = \frac{GD^2}{375} \cdot \frac{dn}{dt}$$

式中 $T_e = C_m I_d$ ——电动机额定励磁下的电磁转矩,N·m;

$\quad C_m = \frac{30}{\pi} C_e$ ——电动机额定励磁下的转矩电流比,称为转矩常数,N·m/A;

$\quad T_L = C_m I_L$ ——包括空载转矩在内的负载转矩,空载时即空载转矩 T_z,N·m。

电动机空载自由停车时,$T_e = 0$,$T_L = T_z$,代入上式,得

$$\begin{cases} T_z = -\frac{GD^2}{375} \cdot \frac{dn}{dt} \\ GD^2 = -\frac{375T_z}{\dfrac{dn}{dt}} \end{cases}$$

式中,飞轮转矩 GD^2 的单位为 $\text{N} \cdot \text{m}^2$,转速 n 的单位为 r/min,空载转矩 T_z 的单位为 $\text{N} \cdot \text{m}$。其中,空载转矩 T_z 可由空载功率 P_z 求出,即

$$\begin{cases} P_z = U_d I_z - I_z^2 R \\ T_z = 955 \dfrac{P_n}{n} \end{cases}$$

式中,dn/dt 可由电机空载时自由停车过程所得 $n = f(t)$ 曲线求得,其实验线路如附图 5 所示。实验中,电动机 M 加额定励磁,电机空载启动至额定稳态转速后,测取电枢电压 U_d 和电枢电流 I_d(即空载电流 I_z),然后去掉 U_{ct}(或分开主电路开关 KM),同时用光线示波器拍摄 $n = f(t)$ 曲线,即可求得某一转速时的空载转矩 T_z 和空载自由停车时的转速变化率 dn/dt。由于空载转矩不为常数(因转速不同而有所变化),应以转速 n 为基准,在 $n = f(t)$ 曲线上取若干点,按式求出相应点转速的空载转矩 T_z 和转速变化率 dn/dt,再由此得出相应的 GD^2,最后求取其平均值。

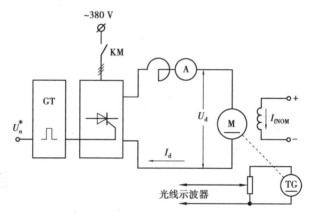

附图 5　GD^2 的实验测定

电动机加额定励磁并空载运行,改变电枢电压分别为 U_{d1}、U_{d2},读取相应的转速 n_1、n_2,即可求得电机的电势常数 C_e[单位为 $\text{V}/(\text{r} \cdot \text{min}^{-1})$] 为

$$C_e = \frac{U_{d1} - U_{d2}}{n_1 - n_2}$$

由电势常数 C_e 可直接得到电机的转矩常数 C_m,单位为 $\text{N} \cdot \text{m/A}$。

最后,根据定义计算出机组的机电时间常数 T_m 为

$$T_m = \frac{GD^2 R}{375 C_e C_m}$$

第2篇
电力电子技术习题解析

第1章
绪　论

【学习指导】

（1）学习要点

①掌握电力电子技术的概念，了解电力电子技术和信息电子技术的异同点，电力电子学科的形成，以及电力电子与其密切相关的电力学、电子学、控制理论3门学科的关系。

②掌握电力电子技术两大分支（电力电子器件制造技术和变流技术）的研究内容，重点掌握变流技术中的4大电力变换电路的区别及主要应用。

③了解电力电子技术的发展史，在此过程中掌握电力电子器件的分类及发展历程。

④了解电力电子技术目前主要的应用领域。

（2）学习重点与难点

①重点：电力电子技术相关概念，电力电子技术两大分支及变流技术中的4大电力变换电路的区别。

②难点:电力电子技术与相关学科的关系。

(3)**内容的归纳与总结**

1)电力电子技术的基本概念

所谓电力电子技术,是使用电力电子器件对电能进行变换和控制的技术,即应用于电力领域的电子技术。电力电子技术中所变换的"电力"有别于"电力系统"所指的"电力",后者特指电力网的"电力",前者则更一般些(功率可大到百兆瓦甚至吉瓦,也可小到毫瓦)。

电力技术是指利用电磁学基本原理处理发电、输配电及电力应用的技术。电子技术包括信息电子技术和电力电子技术两大分支。通常所说的模拟电子技术和数字电子技术都属于信息电子技术。信息电子技术主要用于信息处理,电力电子技术主要用于电力变换。

2)电力电子技术与相关学科的关系

美国学者 W. Newell 认为,电力电子学是由电力学、电子学和控制理论 3 个学科交叉形成的。

电力电子技术广泛用于电气工程中,这是电力电子学和电力学的主要关系;电力电子器件制造技术和电子器件制造技术的理论基础和大多数工艺是一样的,许多电路分析方法也是一致的,仅应用目的不同;控制理论广泛用于电力电子技术中,电力电子技术可看成弱电控制强电的技术,是弱电和强电之间的接口,而控制理论则是实现这种接口的一条强有力的纽带。控制理论是自动化技术的理论基础,而电力电子装置则是自动化技术的基础元件和重要支撑技术。

3)电力电子技术的两大分支

电力电子技术可分为电力电子器件制造技术和变流技术两个分支。电力电子器件的制造技术是电力电子技术的基础,变流技术则是电力电子技术的核心。

4)4 大电力变换电路的类型

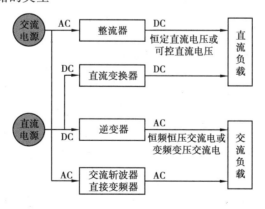

图 2.1.1　4 大电力变换的类型

电力变换按电压/电流的大小、波形及频率变换划分为 4 类基本变换及相应的 4 种电力变换电路或电力变换器,如图 2.1.1 所示。这 4 类基本变换可组合成许多复合型电力变换器。

5)电力电子技术的发展史

电力电子技术的发展史以电力电子器件的发展史为纲,电力电子的发展历程如图 2.1.2 所示。

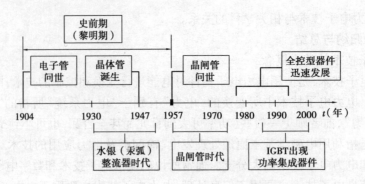

图 2.1.2　电力电子技术的发展史

6)电力电子技术的应用

电力电子技术的应用范围十分广泛。它不仅用于一般工业,也广泛用于交通运输、电力系统、通信系统、计算机系统及新能源系统等,在照明、空调等家用电器及其他领域中也有着广泛的应用。

第2章 电力电子器件

【学习指导】

（1）**学习要点**

①掌握电力电子器件的概念、特点和分类。

②掌握常用电力电子器件（电力二极管、晶闸管、GTO、GTR、电力 MOSFET 和 IGBT）的型号命名法，以及其参数和特性曲线的使用方法。

③了解常用电力电子器件的半导体物理结构和基本工作原理。

④了解其他新型电力电子器件（MCT、SIT、SITH、IGCT 和基于宽禁带半导体材料的电力电子器件）的特点。

⑤了解功率集成电路与集成电力电子模块的基本概念及电力电子器件的发展趋势。

（2）**学习重点与难点**

①重点：电力电子器件的概念、特点和分类；常用电力电子器件的型号命名法，以及其参数和特性曲线的使用方法。

②难点：常用电力电子器件特性曲线的使用方法以及如何在实际应用中对器件进行选择。

（3）**内容的归纳与总结**

由于篇幅有限，部分内容只给出了难点和重点，望学习者注意。

1）电力电子器件的概念和特征

电力电子器件（Power Electronic Device）是指可直接用于处理电能的主电路中，实现电能的变换或控制的电子器件。

与处理信息的电子器件相比，电力电子器件具有以下特征：

①所能处理电功率的大小一般都远大于处理信息的电子器件。

②电力电子器件一般都工作在开关状态（模拟电路工作在线性放大状态，数字电路工作在开关状态表示不同信息）。

③电力电子器件需由信息电子电路来控制，而且需要驱动电路。

④自身的功率损耗通常仍远大于信息电子器件。

2）电力电子器件的功率损耗

电力电子器件的功率损耗包括通态损耗、断态损耗和开关损耗。通态损耗是电力电子器件功率损耗的主要成因。当器件的开关频率较高时,开关损耗会随之增大而可能成为器件功率损耗的主要因素。

3)电力电子器件的分类

①按照能够被控制电路信号所控制的程度

◆半控型器件:器件的关断完全是由其在主电路中承受的电压和电流决定的。主要是指晶闸管(Thyristor)及其大部分派生器件。

◆全控型器件:通过控制信号既可控制其导通,又可控制其关断。目前,最常用的是 IGBT 和 Power MOSFET。

◆不可控器件:不能用控制信号来控制其通断,如电力二极管(Power Diode)。

②按照驱动信号的性质

◆电流驱动型:通过从控制端注入或抽出电流来实现导通或关断的控制。

◆电压驱动型:仅通过在控制端和公共端之间施加一定的电压信号就可实现导通或者关断的控制。

③按照驱动信号的波形(电力二极管除外)

◆脉冲触发型:通过在控制端施加一个电压或电流的脉冲信号来实现器件的导通或者关断的控制。

◆电平控制型:必须通过持续在控制端和公共端之间施加一定电平的电压或电流信号来使器件导通并维持在导通状态,或者关断并维持在阻断状态。

④按照载流子参与导电的情况

◆单极型器件:由一种载流子参与导电。

◆双极型器件:由电子和空穴两种载流子参与导电。

◆复合型器件:由单极型器件和双极型器件集成混合而成,也称混合型器件。

4)不可控器件——电力二极管

①基本原理

电力二极管是以半导体 PN 结为基础的,由一个面积较大的 PN 结和两端引线以及封装组成的。二极管的基本原理——PN 结的单向导电性。

②静态特性和动态特性

重点是静态特性的使用方法,还应理解动态特性曲线中由正向偏置转换为反向偏置及由零偏置转换为正向偏置电力二极管的动态过程。

③主要参数

正向平均电流 $I_{F(AV)}$:正弦半波电流的有效值 I 和平均值 $I_{F(AV)}$ 之比 $I/I_{F(AV)} = 1.57$。除此之外,还有正向压降 U_F、反向重复峰值电压 U_{RRM}、最高工作结温 T_{JM}、方向恢复时间 t_{rr} 和浪涌电流 I_{TSM}。

④主要类型

普通二极管、快恢复二极管和肖特基二极管。

5)半控型器件——晶闸管

①结构与工作原理

内部是 PNPN 4 层半导体结构。

可用双晶体管模型来分析,分析得到晶闸管的特性公式为

$$I_A = \frac{\alpha_2 I_G + I_{CBO1} + I_{CBO2}}{1 - (\alpha_1 + \alpha_2)}$$

注入触发电流,使各个晶体管的发射极电流增大,以至 $\alpha_1 + \alpha_2$ 趋近于 1 时,流过晶闸管的电流 I_A(阳极电流)将趋近于无穷大,从而实现器件饱和导通。

②静态特性和动态特性

静态特性包括晶闸管正常工作时的特性和伏安特性(正向特性和方向特性);动态特性包括开通过程和关断过程。需重点理解关断的概念。

正常工作时的特性(即为开通和关断的条件)如下:

◆当晶闸管承受反向电压时,无论门极是否有触发电流,晶闸管都不会导通。

◆当晶闸管承受正向电压时,仅在门极有触发电流的情况下晶闸管才能开通。

◆晶闸管一旦导通,门极就失去控制作用,无论门极触发电流是否还存在,晶闸管都保持导通。

◆若要使已导通的晶闸管关断,只能利用外加电压和外电路的作用使流过晶闸管的电流降到接近于零的某一数值以下。

③主要参数

通态平均电流 $I_{T(AV)}$:国家标准规定通态平均电流为晶闸管在环境温度为 40 ℃和规定的冷却状态下,稳定结温不超过额定结温时所允许流过的最大工频正弦半波电流的平均值。

维持电流是指使晶闸管维持导通所必需的最小电流。

其他参数为断态重复峰值电压 U_{DRM}、反向重复峰值电压 U_{RRM}、通态(峰值)电压 U_T、擎住电流 I_L、浪涌电流 I_{TSM}、开通时间 t_{gt}、关断时间 t_q、断态电压临界上升率 $\mathrm{d}u/\mathrm{d}t$ 及通态电流临界上升率 $\mathrm{d}i/\mathrm{d}t$。

通常取晶闸管的 U_{DRM} 和 U_{RRM} 中较小的标值作为该器件的额定电压。选用时,一般取额定电压为正常工作时晶闸管所承受峰值电压的 2 ~ 3 倍。

④派生器件

派生器件包括快速晶闸管、双向晶闸管、逆导晶闸管及光控晶闸管。

6)典型全控型器件

①门极可关断晶闸管(GTO)

晶闸管的一种派生器件,但可通过在门极施加负的脉冲电流使其关断,因而属于全控型器件。

仍然可以用双晶体管模型来分析,V_1、V_2 的共基极电流增益分别是 α_1、α_2。$\alpha_1 + \alpha_2 = 1$ 是器件临界导通的条件。大于 1,则导通;小于 1,则关断。

GTO 电压电流容量大,适合大功率场合,具有电导调制效应,其通流能力很强。电流关断增益很小,关断时门极负脉冲电流大,开关速度低,驱动功率大,驱动电路复杂,开关频率低。

动态特性和主要参数需作基本了解。

②电力晶体管(GTR)

电力晶体管是一种耐高电压、大电流的双极结型晶体管,结构和工作原理与普通的双极结型晶体管基本原理是一样的,最主要的特性是耐压高、通流能力强、开关特性好和饱和压降低。其缺点是开关速度低、所需驱动功率大、驱动电路复杂和存在二次击穿问题。

静态特性、动态特性、主要参数和二次击穿现象与安全工作区需作基本了解。

③电力场效应晶体管(电力 MOSFET)

电力 MOSFET 是单极型晶体管。其工作原理为在栅极和源极之间加一正电压 U_{GS}。当 U_{GS} 大于某一电压值 U_T 时,漏极和源极导电。

一般来说,电力 MOSFET 不存在二次击穿问题,这是它的一大优点。除此之外,它还具有输入阻抗高、驱动功率小、驱动电路简单及工作频率高的优点。其缺点是通态压降大(通态损耗大)、电压电流定额低,一般只适用于功率不超过 10 kW 的电力电子装置。

静态特性、动态特性和主要参数需作基本了解。

④绝缘栅双极晶体管(IGBT)

IGBT 是用 GTR 与 MOSFET 组成的达林顿结构,相当于一个由 MOSFET 驱动的厚基区 PNP 晶体管。其工作原理是当 U_{GE} 为正且大于开启电压 $U_{GE(th)}$ 时,MOSFET 内形成沟道,并为晶体管提供基极电流进而使 IGBT 导通。

IGBT 是 GTR 和 MOSFET 复合而成的复合型器件,结合了两者的优点,具有很好的特性,取代了 GTR 和一部分 MOSFET 的市场。其优点为输入阻抗高、取代功率小、驱动电路简单及工作频率高。其缺点为通态压降大(通态损耗大)。

静态特性、动态特性、主要参数、擎住效应和安全工作区需作基本了解。

7)其他新型电力电子器件

其他新型电力电子器件包括 MCT、SIT、SITH、IGCT 和基于宽禁带半导体材料的电力电子器件。这些器件只需作基本的了解,知道有哪些新器件,初步建立"模块""功率集成电路"的概念。

8)功率集成电路与集成电力电子模块

自 20 世纪 80 年代中后期开始,模块化趋势,将多个器件封装在一个模块中,称为功率模块。将器件与逻辑、控制、保护、传感、检测、自诊断等信息电子电路制作在同一芯片上,称为功率集成电路(Power Integrated Circuit,PIC)。功率集成电路的主要技术难点是:高低压电路之间的绝缘问题以及温升和散热的处理。

【习题解析】

①与信息电子电路中的二极管相比,电力二极管具有怎样的结构特点才使得其具有耐受高压和大电流的能力?

答:电力二极管大都采用垂直导电结构,使得硅片中通过电流的有效面积增大,显著提高了二极管的通流能力。

电力二极管在 P 区和 N 区之间多了一层低掺杂 N 区,也称漂移区。低掺杂 N 区由于掺杂浓度低而接近无掺杂的纯半导体材料即本征半导体,由于掺杂浓度低,低掺杂 N 区就可承受很高的电压而不被击穿。

②使晶闸管导通的条件是什么?

答:使晶闸管导通的条件是,晶闸管承受正向阳极电压,并在门极施加触发电流(脉冲),或 $U_{AK} > 0$ 且 $U_{GK} > 0$。

③维持晶闸管导通的条件是什么?怎样才能使晶闸管由导通变为关断?

答:维持晶闸管导通的条件是使晶闸管的电流大于能保持晶闸管导通的最小电流(即维持电流),即 $I_A > I_H$。

关断条件:去掉阳极所加的正向电压,或给阳极施加反向电压;设法使流过晶闸管的电流降低到接近于零的某一数值以下,即 $I_A < I_H$。

④图 2.2.1 中阴影部分为晶闸管处于通态区间的电流波形,各波形的电流最大值均为 I_m,试计算各波形的电流平均值 I_{d1}、I_{d2}、I_{d3} 与电流有效值 I_1、I_2、I_3。

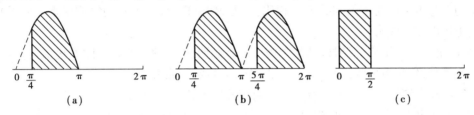

（a）　　　　　　　（b）　　　　　　　（c）

图 2.2.1　晶闸管导电波形

解　a. $I_{d1} = \dfrac{1}{2\pi}\displaystyle\int_{\frac{\pi}{4}}^{\pi} I_m \sin(\omega t)\, \mathrm{d}(\omega t) = \dfrac{I_m}{2\pi}\left(\dfrac{\sqrt{2}}{2} + 1\right) \approx 0.271\,7 I_m$

$$I_1 = \sqrt{\dfrac{1}{2\pi}\int_{\frac{\pi}{4}}^{\pi} (I_m \sin \omega t)^2 \mathrm{d}(\omega t)} = \dfrac{I_m}{2}\sqrt{\dfrac{3}{4} + \dfrac{1}{2\pi}} \approx 0.476\,7 I_m$$

b. $I_{d2} = \dfrac{1}{\pi}\displaystyle\int_{\frac{\pi}{4}}^{\pi} I_m \sin \omega t\, \mathrm{d}(\omega t) = \dfrac{I_m}{\pi}\left(\dfrac{\sqrt{2}}{2} + 1\right) = 0.543\,4 I_m$

$$I_2 = \sqrt{\dfrac{1}{\pi}\int_{\frac{\pi}{4}}^{\pi} (I_m \sin \omega t)^2 \mathrm{d}(\omega t)} = \dfrac{\sqrt{2} I_m}{2}\sqrt{\dfrac{3}{4} + \dfrac{1}{2\pi}} \approx 0.674\,1 I_m$$

c. $I_{d3} = \dfrac{1}{2\pi}\displaystyle\int_{0}^{\frac{\pi}{2}} I_m \mathrm{d}(\omega t) = \dfrac{1}{4} I_m$

$$I_3 = \sqrt{\dfrac{1}{2\pi}\int_{0}^{\frac{\pi}{2}} I_m^2 \mathrm{d}(\omega t)} = \dfrac{1}{2} I_m$$

⑤题④中如果不考虑安全裕量,问 100 A 的晶闸管能送出的平均电流 I_{d1}、I_{d2}、I_{d3} 各为多少? 这时,相应的电流最大值 I_{m1}、I_{m2}、I_{m3} 各为多少?

解:额定电流 $I_{T(AV)} = 100$ A 的晶闸管,允许的电流有效值 $I = 157$ A,由题④计算结果可知:

a. $I_{m1} \approx \dfrac{I}{0.476\,7} \approx 329.35$ A, $I_{d1} \approx 0.271\,7 I_{m1} \approx 89.48$ A

b. $I_{m2} \approx \dfrac{I}{0.674\,1} \approx 232.90$ A, $I_{d2} \approx 0.543\,4 I_{m2} \approx 126.56$ A

c. $I_{m3} \approx 2I \approx 314$ A, $I_{d3} = \dfrac{1}{4} I_{m3} = 78.5$ A

⑥GTO 和普通晶闸管同为 PNPN 结构,为什么 GTO 能够自关断,而普通晶闸管不能?

答:GTO 和普通晶闸管同为 PNPN 结构,由 $P_1 N_1 P_2$ 和 $N_1 P_2 N_2$ 构成两个 V_1、V_2,分别具有共基极电流增益 α_1 和 α_2,由普通晶闸管的分析可得,$\alpha_1 + \alpha_2 \doteq 1$ 是器件临界导通的条件。$\alpha_1 + \alpha_2 > 1$ 两个等效晶体管过饱和而导通;$\alpha_1 + \alpha_2 < 1$ 不能维持饱和导通而关断。

GTO 之所以能够自行关断,而普通晶闸管不能,是因为 GTO 与普通晶闸管在设计和工艺方面有以下 3 点不同:

a. GTO 在设计时 α_2 较大,这样晶体管 V_2 控制灵敏,易于 GTO 关断。

b. GTO 导通时 $\alpha_1 + \alpha_2$ 的更接近于 1,普通晶闸管 $\alpha_1 + \alpha_2 \geqslant 1.5$,而 GTO 则为 $\alpha_1 + \alpha_2 \approx 1.05$,GTO 的饱和程度不深,接近于临界饱和,这样为门极控制关断提供了有利条件。

c. 多元集成结构使每个 GTO 元阴极面积很小,门极和阴极间的距离大为缩短,使得 P2 极区所谓的横向电阻很小,从而使从门极抽出较大的电流成为可能。

⑦与信息电子电路中的 MOSFET 相比,电力 MOSFET 具有怎样的结构特点才使得它具有耐受高电压电流的能力?

答:a. 垂直导电结构:发射极和集电极位于基区两侧,基区面积大,很薄,电流容量很大。

b. N-漂移区:集电区加入轻掺杂 N-漂移区,提高耐压能力。

c. 集电极安装于硅片底部,设计方便,封装密度高,耐压特性好。

⑧试分析 IGBT 和电力 MOSFET 在内部结构和开关特性上的相似与不同之处。

答:内部结构相似之处:IGBT 内部结构包含了 MOSFET 内部结构。

内部结构不同之处:IGBT 内部结构有注入 P 区,MOSFET 内部结构则无注入 P 区。

开关特性的相似之处:IGBT 开关大部分时间由 MOSFET 运行,特性相似。开关特性的不同之处:IGBT 的注入 P 区有电导调制效应,有少子储存现象,开关慢。

⑨试列举典型的宽禁带半导体材料。基于这些宽禁带半导体材料的电力电子器件在哪些方面性能优于硅器件?

答:典型的宽禁带半导体材料有碳化硅、氮化镓、金刚石等材料。在性能方面具有更高的耐受高压的能力,低得多的通态电阻,更好的导热性能和热稳定性,以及更强的耐受高温和射线辐射的能力。

⑩试分析电力电子集成技术可以带来哪些益处。功率集成电路与集成电力电子模块实现集成的思路有何不同?

答:带来的益处:装置体积减小、可靠性提高、使用方便、维护成本低,更重要的是对工作频率较高的电路,还可大大减小线路电感,从而简化对保护和缓冲电路的要求。

功率集成电路与集成电力电子模块实现集成的思路的不同:前者是将所有的东西都集成于一个芯片当中(芯片集成),而后者则是将一系列的器件集成为一个模块来使用(封装集成)。

⑪试列举你所知道的电力电子器件,并从不同的角度对这些电力电子器件进行分类。目前,常用的全控型电力电子器件有哪些?

答:A. 按照器件能够被控制的程度,可分为以下 3 类:

a. 半控型器件:晶闸管及其派生器件。

b. 全控型器件:IGBT,MOSFET、GTO、GTR。

c. 不可控器件:电力二极管。

B. 按照驱动信号的波形(电力二极管除外),可分为以下两类:

a. 脉冲触发型:晶闸管及其派生器件。

b. 电平控制型:(全控型器件)IGBT、MOSFET、GTO、GTR。

C. 按照器件内部电子和空穴两种载流子参与导电的情况,可分为以下 3 类:

a. 单极型器件:电力 MOSFET、功率 SIT、肖特基二极管。

b. 双极型器件:GTR、GTO、晶闸管、电力二极管等。

c. 复合型器件:IGBT、MCT、IGCT 等。

D. 按照驱动电路信号的性质,可分为以下两类:

a. 电流驱动型:晶闸管、GTO、GTR 等。

b. 电压驱动型:电力 MOSFET、IGBT 等。

常用的全控型电力电子器件有门极可关断晶闸管(GTO)、电力晶闸管(GTR)、电力场效应晶体管(MOSFET)及绝缘栅双极晶体管(IGBT)。

第 **3** 章
直流-直流变换电路

【学习指导】

（1）学习要点

①重点掌握降压斩波电路、升压斩波电路、升降压斩波电路、Cuk 斩波电路、Sepic 斩波电路及 Zeta 斩波电路 6 种斩波电路的电路结构、工作原理、波形及计算。

②掌握电流可逆斩波电路和桥式可逆斩波电路这两种复合斩波电路的工作原理；了解多相多重斩波电路的结构及特点。

③掌握具有代表性的 7 种带隔离的直流直流变流（正激电路、反激电路、半桥电路、全桥电路、推挽电路、全波电路及全桥电路）的拓扑形式和控制方式。

（2）学习重点与难点

①重点：非隔离型的 6 种基本斩波电路的分析；电流可逆斩波电路和桥式可逆斩波电路这两种复合斩波电路的工作原理。

②难点：7 种带隔离的直流直流变流应用。

（3）内容的归纳与总结

直流直流变流电路也称斩波电路，其功能是将直流电变为另一固定电压或可调电压的直流电，不包括直-交-直变换电路。

1）基本斩波电路

①降压斩波电路

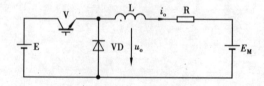

图 2.3.1 降压斩波电路

降压斩波电路的原理图如图 2.3.1 所示。电流连续时，负载电压的平均值为

$$U_o = \frac{t_{on}}{t_{on} + t_{off}}E = \frac{t_{on}}{T}E = \alpha E$$

电流断续时,负载电压 U_o 平均值会被抬高,一般不希望出现电流断续的情况。

②升压斩波电路

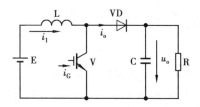

图 2.3.2　升压斩波电路

升压斩波电路的原理图如图 2.3.2 所示。其输出电压高于电源电压,负载电压的平均值为

$$U_o = \frac{1}{\beta}E = \frac{1}{1-\alpha}E$$

③升降压斩波电路、Cuk 斩波电路、Sepic 斩波电路和 Zeta 斩波电路

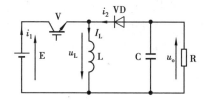

图 2.3.3　升降压斩波电路

升降压斩波电路如图 2.3.3 所示,负载电压的平均值为

$$U_o = \frac{t_{on}}{t_{off}}E = \frac{t_{on}}{T-t_{on}}E = \frac{\alpha}{1-\alpha}E$$

改变导通比 α,输出电压既可比电源电压高,也可比电源电压低。

Cuk 斩波电路、Sepic 斩波电路和 Zeta 斩波电路三者的负载电压平均值和升降压斩波电路一样,它们之间的区别为:升降压斩波电路、输入电流和输出电流都是断续的,负载电压反极性。Cuk 斩波电路、输入电流和输出电流都是连续的,负载电压反极性。

Sepic 电路中,电源电流连续但负载电流断续,有利于输入滤波;反之,Zeta 电路的电源电流断续而负载电流连续。两种电路输出电压为正极性的。

2)复合斩波电路和多相多重斩波电路

①电流可逆斩波电路

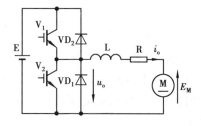

图 2.3.4　电流可逆斩波电路

如图 2.3.4 所示为电流可逆斩波电路。V_1 和 VD_1 构成降压斩波电路,电动机为电动运行,工作于第 1 象限。V_2 和 VD_2 构成升压斩波电路,电动机作再生制动运行,工作于第 2

象限。

②桥式可逆斩波电路

将两个电流可逆斩波电路组合起来,分别向电动机提供正向和反向电压,使电动机可以4象限运行。

③多相多重斩波电路

多相多重斩波电路是在电源和负载之间接入多个结构相同的基本斩波电路而构成的。一个控制周期中电源侧的电流脉波数,称为相数。负载电流脉波数,称为重数。

多相多重斩波电路的特点及目的与整流电路的多重化相似,即提高输出功率,降低输出电压(或电流)的纹波,以及提高等效开关频率等。

3)带隔离的直流直流变流电路

带隔离的直流直流变流电路比非隔离的基本斩波电路复杂,但具有可实现输入与输出隔离,方便实现多路输出,以及在输入/输出电压差别大时电路效率较高等优点。

带隔离的直流直流变流电路分为单端(Single End)和双端(Double End)电路两大类。在单端电路中,变压器中流过的是直流脉动电流,而双端电路中,变压器中的电流为正负对称的交流电流,正激电路和反激电路属于单端电路,半桥、全桥和推挽电路属于双端电路。每一类电路都可能有多种不同的拓扑形式或控制方法,应相互比较学习。

【习题解析】

①简述如图 2.3.1 所示降压斩波电路的工作原理。

答:降压斩波器的原理是:在一个控制周期中,让 V 导通一段时间 t_{on},由电源 E 向 L、R、E_M 供电,在此期间,$U_o = E$。然后使 V 关断一段时间 t_{off},此时电感 L 通过二极管 VD 向 R 和 E_M 供电,$U_o = 0$。一个周期内的平均电压 $U_o = \dfrac{t_{on}}{t_{on} + t_{off}} E = \dfrac{t_{on}}{T} E$,输出电压小于电源电压,起到降压的作用。

②在如图 2.3.1 所示的降压斩波电路中,已知 $E = 200$ V,$R = 10$ Ω,L 值极大,$E_M = 50$ V,采用脉宽调制控制方式。当 $T = 40$ μs,$t_{on} = 20$ μs 时,计算输出电压平均值 U_o、输出电流平均值 I_o。

解 由于 L 值极大,故负载电流连续。于是,输出电压平均值为

$$U_o = \frac{t_{on}}{T} E = \frac{20 \times 200}{40} \text{V} = 100 \text{ V}$$

输出电流平均值为

$$I_o = \frac{U_o - E_M}{R} = \frac{100 - 50}{10} \text{A} = 5 \text{ A}$$

③在如图 2.3.1 所示的降压斩波电路中,$E = 100$ V,$L = 1$ mH,$R = 0.5$ Ω,$E_M = 20$ V,采用脉宽调制控制方式。$T = 20$ μs,当 $t_{on} = 10$ μs 时,计算输出电压平均值 U_o、输出电流平均值 I_o。计算输出电流的最大和最小瞬时值,并判断负载电流是否连续。

解 由题目已知条件,可得

$$EI_1 t_{on} = (U_o - E) I_1 t_{off}$$

$$m = \frac{E_M}{E} = \frac{20}{100} = 0.2$$

$$\tau = \frac{L}{R} = \frac{0.001}{0.5} = 0.002$$

当 $t_{on} = 10$ us 时,有

$$\rho = \frac{T}{\tau} = \frac{20 \times 10^{-6}}{0.002} = 0.01$$

$$\alpha\rho = \frac{10}{20} \times 0.01 = 0.005$$

由于 $\frac{e^{\alpha\rho} - 1}{e^{\rho} - 1} = 0.5 > m$,故输出电流连续。

输出电压平均值为

$$U_o = \frac{t_{on}}{T}E = \frac{10 \times 100}{20}V = 50 \text{ V}$$

输出电流平均值为

$$I_o = \frac{U_o - E_M}{R} = \frac{50 - 20}{0.5}A = 60 \text{ A}$$

输出电流的最大和最小瞬时值分别为

$$I_{max} = \left(\frac{1 - e^{-\alpha\rho}}{1 - e^{-\rho}} - m\right)\frac{E}{R} = 60.5 \text{ A}$$

$$I_{min} = \left(\frac{e^{\alpha\rho} - 1}{e^{\rho} - 1} - m\right)\frac{E}{R} = 59.5 \text{ A}$$

④简述如图 2.3.2 所示升压斩波电路的基本工作原理。

答:假设电路中电感 L 值很大,电容 C 值也很大。当 V 处于通态时,电源 E 向电感 L 充电,充电电流基本恒定为 I_1,同时电容 C 上的电压向负载 R 供电,因 C 值很大,基本保持输出电压为恒值 U_o。设 V 处于通态的时间为 t_{on},此阶段电感 L 上积蓄的能量为 EI_1t_{on}。当 V 处于断态时,E 已共同向电容 C 充电并向负载 R 提供能量。设 V 处于断态的时间为 t_{off},则在此期间电感 L 释放的能量为 $(U_o - E)I_1t_{off}$;当电路工作于稳态时,一个周期 T 中电感 L 积蓄的能量与释放的能量相等,即

$$EI_1t_{on} = (U_o - E)I_1t_{off}$$

化简得

$$U_o = \frac{t_{on} + t_{off}}{t_{off}} \times E = \frac{T}{t_{off}}E$$

式中,$T/t_{off} \geqslant 1$,输出电压高于电源电压,故称该电路为升压斩波电路。

⑤在如图 2.3.2 所示的升压斩波电路中,已知 $E = 50$ V,L 值和 C 值极大,$R = 25$ Ω,采用脉宽调制控制方式。当 $T = 50$ μs,$t_{on} = 20$ μs 时,计算输出电压平均值 U_o、输出电流平均值 I_o。

解:输出电压平均值为

$$U_o = \frac{T}{t_{off}}E = \frac{50}{50 - 20} \times 50 \text{ V} = 83.3 \text{ V}$$

输出电流平均值为

$$I_o = \frac{U_o}{R} = \frac{83.3}{25}A = 3.332 \text{ A}$$

⑥试分别简述升降压斩波电路和 Cuk 斩波电路的基本原理,并比较其异同点。

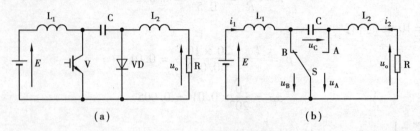

图2.3.5 Cuk 斩波电路

答:升降压斩波电路如图 2.3.3 所示。其基本原理:当可控开关 V 处于通态时,电源 E 经 V 向电感 L 供电使其储存能量,此时电流为 i_1,方向如图 2.3.3 所示。同时,电容 C 维持输出电压基本恒定并向负载 R 供电。此后,使 V 关断,电感 L 中储存的能量向负载释放,电流为 i_2,方向如图 2.3.3 所示。可知,负载电压极性为上负下正,与电源电压极性相反。

稳态时,一个周期 T 内电感 L 两端电压 u_L 对时间的积分为零,即

$$\int_0^T u_L dt = 0$$

当 V 处于通态期间,$u_L = E$;而当 V 处于断态期间,$u_L = -u_o$。于是

$$Et_{on} = U_o t_{off}$$

因此,输出电压为

$$U_o = \frac{t_{on}}{t_{off}} E = \frac{\alpha}{1-\alpha} E$$

改变导通比 α,输出电压既可比电源电压高,也可比电源电压低。当 $0 < \alpha < 1/2$ 时,为降压;当 $1/2 < \alpha < 1$ 时,为升压。因此,将该电路称为升降压斩波电路。

Cuk 斩波电路如图 2.3.5 所示。其基本原理是:当 V 处于通态时,E—L_1—V 回路和 R—L_2—C—V 回路分别流过电流。当 V 处于断态时,E—L_1—C—VD 回路和 R—L_2—VD 回路分别流过电流。输出电压的极性与电源电压极性相反。该电路的等效电路如图 2.3.5(b)所示,相当于开关 S 在 A、B 两点之间交替切换。

假设电容 C 很大,使电容电压 u_C 的脉动足够小时。当开关 S 合到 B 点时,B 点电压 $u_B = 0$,A 点电压 $u_A = -u_C$;相反,当 S 合到 A 点时,$u_B = u_C$,$u_A = 0$。因此,B 点电压 u_B 的平均值为 $U_B = \frac{t_{off}}{T} U_C$($U_C$ 为电容电压 u_C 的平均值),又因电感 L_1 的电压平均值为零,故 $E = U_B = \frac{t_{off}}{T} U_C$。

另一方面,A 点的电压平均值为 $U_A = -\frac{t_{on}}{T} U_C$,且 L_2 的电压平均值为零,按图 2.3.5(b)中输出电压 U_o 的极性,有 $U_o = \frac{t_{on}}{T} U_C$。于是,可得出输出电压 U_o 与电源电压 E 的关系为

$$U_o = \frac{t_{on}}{t_{off}} E = \frac{t_{on}}{T - t_{on}} E = \frac{\alpha}{1-\alpha} E$$

两个电路实现的功能是一致的,均可方便地实现升降压斩波。与升降压斩波电路相比,Cuk 斩波电路有一个明显的优点,其输入电源电流和输出负载电流都是连续的,且脉动很小,有利于对输入、输出进行滤波。

⑦试绘制 Speic 斩波电路和 Zeta 斩波电路的原理图,并推导其输入输出关系。

解:如图 2.3.6 所示。

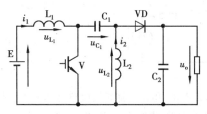

图 2.3.6　Sepic 电路的原理图

在 V 导通 t_{on} 期间

$$U_{L_1} = E \text{ 和 } U_{L_2} = U_{C_1}$$

在 V 关断 t_{off} 期间

$$u_{L_1} = E - u_o - u_{C_1} \text{ 和 } u_{L_2} = -u_o$$

当电路工作于稳态时,电感 L_1、L_2 的电压平均值均为零,则下式成立,即

$$E t_{on} + (E - u_o - u_{C_1}) t_{off} = 0 \text{ 和 } u_{C_1} t_{on} - u_o t_{off} = 0$$

由以上两式即可得

$$U_o = \frac{t_{on}}{t_{off}} E$$

Zeta 电路的原理图如图 2.3.7 所示。

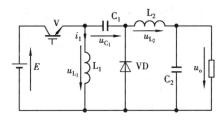

图 2.3.7　Zeta 电路的原理图

在 V 导通 t_{on} 期间,有

$u_{L_1} = E$ 和 $u_{L_2} = E - u_{C_1} - u_o$

在 V 关断 t_{off} 期间,有

$u_{L_1} = u_{C_1}$ 和 $u_{L_2} = -u_o$

当电路工作稳定时,电感 L_1、L_2 的电压平均值为零,则下式成立,即

$$E t_{on} + u_{C_1} t_{off} = 0 \text{ 和 } (E - u_o - u_{C_1}) t_{on} - u_o t_{off} = 0$$

由以上两式即可得

$$U_o = \frac{t_{on}}{t_{off}} E$$

⑧分析如图 2.3.8(a)所示的电流可逆斩波电路,并结合图 2.3.8(b)的波形,绘制出各个阶段电流流通的路径,并标明电流方向。

解:电流可逆斩波电路中,V_1 和 VD_1 构成降压斩波电路,由电源向直流电动机供电,电动机为电动运行,工作于第 1 象限;V_2 和 VD_2 构成升压斩波电路,把直流电动机的动能转变为电能反馈到电源,使电动机作再生制动运行,工作于第 2 象限。

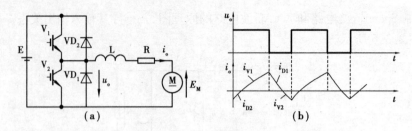

图 2.3.8　电流可逆斩波电路及其工作波形

图 2.3.8(b)中,各阶段器件导通情况及电流路径等如下:

V_1 导通,电源向负载供电:

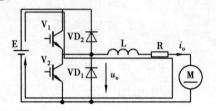

V_1 关断,VD_1 续流:

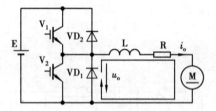

V_2 导通,L 上蓄能:

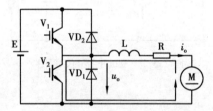

V_2 关断,VD_2 导通,向电源回馈能量:

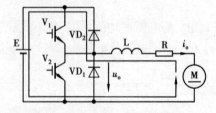

⑨对于如图 2.3.9 所示的桥式可逆斩波电路,若需使电动机工作于反转电动状态,试分析此时电路的工作情况,并绘制相应的电流流通路径图,同时标明电流流向。

解:需使电动机工作于反转电动状态时,由 V_3 和 VD_3 构成的降压斩波电路工作。此时,需要 V_2 保持导通,与 V_3 和 VD_3 构成的降压斩波电路相配合。

当 V_3 导通时,电源向 M 供电,使其反转电动,电流路径如下:

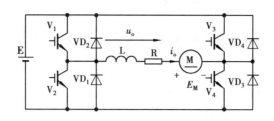

图 2.3.9　桥式可逆斩波电路

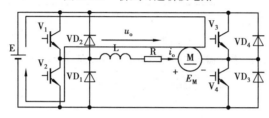

当 V_3 关断时,负载通过 VD_3 续流,电流路径如下:

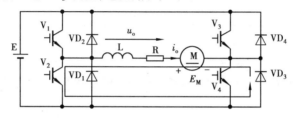

⑩多相多重斩波电路有何优点?

答:多相多重斩波电路因在电源与负载间接入了多个结构相同的基本斩波电路,使得输入电源电流和输出负载电流的脉动次数增加、脉动幅度减小,对输入和输出电流滤波更容易,滤波电感减小。此外,多相多重斩波电路还具有备用功能,各斩波单元之间互为备用,总体可靠性提高。

⑪试分析正激电路和反激电路中的开关和整流二极管在工作时承受的最大电压。

答:正激电路和反激电路中的开关和整流二极管在工作时承受最大电压的情况见表 2.3.1。

表 2.3.1　正激电路和反激电路中的开关和整流二极管在工作时承受的最大电压

	开关 S	整流二极管 VD
正激电路	$\left(1 + \dfrac{N_1}{N_3}\right)U_1$	$\dfrac{N_2}{N_3}U_1$
反激电路	$U_i + \dfrac{N_1}{N_2}U_o$	$\dfrac{N_2}{N_1}U_i + U_o$

⑫试分析全桥、半桥和推挽电路中的开关和整流二极管在工作中承受的最大电压、最大电流和平均电流。

答:下面分析均以采用桥式整流电路为例。

A. 全桥电路

表2.3.2　全桥电路的开关和整流二极管在工作时承受的最大电压、最大电流和平均电流

	最大电压	最大电流	平均电流
开关 S	U_i	$\dfrac{N_2}{N_1}I_d$	$\dfrac{N_2}{2N_1}I_d$
整流二极管	$\dfrac{N_2}{N_1}U_i$	I_d	$\dfrac{1}{2}I_d$

B. 半桥电路

表2.3.3　半桥电路的开关和整流二极管在工作时承受的最大电压、最大电流和平均电流

	最大电压	最大电流	平均电流
开关 S	U_i	$\dfrac{N_2}{N_1}I_d$	$\dfrac{N_2}{2N_1}I_d$
整流二极管	$\dfrac{N_2}{2N_1}U_i$	I_d	$\dfrac{1}{2}I_d$

C. 推挽电路（变压器原边总匝数为 $2N_1$）

表2.3.4　推挽电路的开关和整流二极管在工作时承受的最大电压、最大电流和平均电流

	最大电压	最大电流	平均电流
开关 S	$2U_i$	$\dfrac{N_2}{N_1}I_d$	$\dfrac{N_2}{2N_1}I_d$
整流二极管	$\dfrac{N_2}{N_1}U_i$	I_d	$\dfrac{1}{2}I_d$

⑬全桥和半桥电路对驱动电路有什么要求？

答：全桥电路需要4组驱动电路，由于有两个管子的发射极连在一起，可共用一个电源，故只需要3组电源；半桥电路需要两组驱动电路、两组电源。

⑭试分析全桥整流电路和全波整流电路中二极管承受的最大电压、最大电流和平均电流。

答：设两种电路的交流输入电压最大值为 U_m，输出电流平均值为 I_d，两种电路中二极管承受最大电压、最大电流及平均电流的情况见表2.3.5。

表2.3.5　全桥整流电路和全波整流电路中二极管承受的最大电压、最大电流和平均电流

	最大电压	最大电流	平均电流
全桥整流	U_m	I_d	$\dfrac{I_d}{2}$
全波整流	$2U_m$	I_d	$\dfrac{I_d}{2}$

⑮一台输出电压为 5 V、输出电流为 20 A 的开关电源：

a. 如果用全桥整流电路，并采用快恢复二极管，其整流电路中二极管的总损耗是多少？

b. 如果采用全波整流电路，采用快恢复二极管、肖特基二极管，整流电路中二极管的总损

耗是多少？如果采用同步整流电路,整流元件的总损耗是多少？

注:在计算中忽略开关损耗,典型元件参数见表 2.3.6。

表 2.3.6 快恢复二极管、肖特基二极管和 MOSFET 的参数

元件类型	型号	电压/V	电流/A	通态压降 （通态电阻）
快恢复二极管	25CPFl0	100	25	0.98 V
肖特基二极管	3530CPQ035	30	30	0.64 V
MOSFET	IRFP048	60	70	0.018Q

解: a. 总损耗为

$$4 \times \frac{1}{2} U_{\mathrm{d}} I_{\mathrm{d}} = 4 \times \frac{1}{2} \times 0.98 \times 20 \text{ W} = 39.2 \text{ W}$$

b. 采用全波整流电路时:

采用快恢复二极管时总损耗为

$$\frac{1}{2} \times U_{\mathrm{d}} I_{\mathrm{d}} = 0.98 \times 20 \text{ W} = 19.6 \text{ W}$$

采用肖特基二极管时总损耗为

$$\frac{1}{2} \times U_{\mathrm{d}} I_{\mathrm{d}} = 0.64 \times 20 \text{ W} = 12.8 \text{ W}$$

采用同步整流电路时,总损耗为

$$2 \times I^{2} R = 2 \times \left(\frac{\sqrt{2}}{2} \times 20 \right)^{2} \times 0.018 \text{ W} = 7.2 \text{ W}$$

第 **4** 章

逆变电路

【学习指导】

(1) 学习要点

① 理解逆变、逆变与变频、有源逆变及无源逆变的概念。

② 掌握逆变电路的基本工作原理;器件换流、电网换流、负载换流及强迫换流的原理、特点和应用场合。

③ 理解电压型逆变电路的特点;掌握单相半桥和全桥电压型逆变电路、三相桥式电压型逆变电路的工作原理,波形分析及计算。

④ 理解电流型逆变电路的特点;掌握单相电流型逆变电路(谐振式)、串联二极管式晶闸管三相电流型逆变电路的工作原理和波形分析,了解强迫换流在电路中的应用。

⑤ 了解逆变电路多重化的基本概念、原理、分类及实现方法,以中点钳位型三电平逆变电路为例,了解多电平电路的拓扑结构、控制方法以及两电平电路相比存在的优势。

(2) 学习重点与难点

① 重点:换流的概念;电压型逆变电路的特点,三相桥式电压型逆变电路的工作原理及波形分析;电流型逆变电路的特点,谐振型逆变电路的工作原理及波形分析。

② 难点:换流方式的应用;三相桥式电压型逆变电路的工作原理及波形分析。

(3) 内容的归纳与总结

1) 逆变的概念

与整流相对应,直流电变成交流电。交流侧接电网,为有源逆变;交流侧接负载,为无源逆变。

变频电路:分为交-交变频和交-直交变频两种。交-直交变频由交-直变换(整流)和直-交变换两部分组成,后一部分就是逆变。

2) 换流方式

电流从一个支路向另一个支路转移的过程,称为换流,也称换相。研究换流方式主要是研究如何使器件关断。换流方式分为以下 4 种:

① 器件换流。利用全控型器件的自关断能力进行换流。

② 电网换流。电网提供换流电压的换流方式。

③负载换流。由负载提供换流电压的换流方式。

④强迫换流。设置附加的换流电路,给欲关断的晶闸管强迫施加反压或反电流的换流方式。

器件换流只适用于全控型器件,其余3种方式主要是针对晶闸管而言的。

3)电压型逆变电路

单相半桥逆变电路是最基本的电路,其由上下两个桥臂构成。每个桥臂由一个可控器件和一个反并联二极管组成。在负载为阻感性负载时,两个桥臂通常采用互补方式工作,采用纵向换流方式,这种工作方式也是电压型逆变电路最为常用的工作方式。

单相全桥和三相桥式逆变电路均可看成单相全桥电路的组合。单相全桥逆变电路可看成两个半桥电路组合而成,三相桥式逆变电路可看成三个半桥电路构成。单相半桥两个桥臂交替导通180°,单相全桥两对桥臂交替导通180°,而三相桥式逆变的基本工作方式也是180°导电方式,但每个半桥的控制信号相差120°,因此,输出的线电压为120°的方波。

4)电流型逆变电路

采用晶闸管的电路仍然有较多的应用,换流方式通常采用负载换流和强迫换流。

电流型单相桥式逆变电路(谐振式)由4个桥臂构成。每个桥臂的晶闸管各串联一个电抗器,用来限制晶闸管开通时的 di/dt。其采用负载换相方式工作,要求负载电流略超前于负载电压,即负载略呈容性。输出电流波形接近矩形波,含基波和各奇次谐波,且谐波幅值远小于基波。

电流型三相桥式逆变电路的基本工作方式是120°导电方式,即每个臂一周期内导电120°,按 VT_1 到 VT_6 的顺序每隔60°依次导通。这样,每个时刻上桥臂组的3个臂和下桥臂的3个臂都各有一个臂导通。换流时,是在上桥臂组或下桥臂组的组内依次换流,为横向换流。

串联二极管式晶闸管逆变电路主要用于中大功率交流电动机调速系统。其采用强迫换流方式,需理解强迫换流的整个换流过程。

5)多重逆变电路和多电平逆变电路

电压型逆变电路的输出电压是矩形波,电流型逆变电路的输出电流是矩形波,矩形波中含有较多的谐波,对负载会产生不利影响。常常采用多重逆变电路把几个矩形波组合起来,使之成为接近正弦波的波形。也可以改变电路结构,构成多电平逆变电路,它能够输出较多的电平,从而使输出电压向正弦波靠近。

中性点钳位型三电平逆变电路是最具代表性的一种多电平电路,通过学习该电路,着重了解多电平电路的拓扑结构、控制方法及与两电平电路相比存在的优势。

【习题解析】

①无源逆变电路和有源逆变电路有何不同?

答:两种电路的不同主要是:有源逆变电路的交流侧接电网即交流侧接有电源。而无源逆变电路的交流侧直接和负载连接。

②换流方式各有哪几种?各有什么特点?

答:换流方式有4种,分别如下:

器件换流:利用全控器件的自关断能力进行换流。全控型器件采用此换流方式。

电网换流:由电网提供换流电压,只要把负的电网电压加在欲换流的器件上即可。

负载换流：由负载提供换流电压，当负载为电容性负载即负载电流超前于负载电压时，可实现负载换流。

强迫换流：设置附加换流电路，给欲关断的晶闸管强迫施加反向电压的换流方式。通常是利用附加电容上的能量实现，也称电容换流。

晶闸管电路不能采用器件换流，根据电路形式的不同采用电网换流、负载换流和强迫换流3种方式。

③什么是电压型逆变电路？什么是电流型逆变电路？两者各有何特点？

答：按照逆变电路直流侧电源性质分类，直流侧是电压源的逆变电路，称为电压型逆变电路；直流侧是电流源的逆变电路，称为电流型逆变电路。

电压型逆变电路的主要特点如下：

a. 直流侧为电压源或并联有大电容，相当于电压源。直流侧电压基本无脉动，直流回路呈现低阻抗。

b. 由于直流电压源的钳位作用，交流侧输出电压波形为矩形波，并且与负载阻抗角无关。而交流侧输出电流波形和相位因负载阻抗情况的不同而不同。

c. 当交流侧为阻感负载时需要提供无功功率，直流侧电容起缓冲无功能量的作用。为了给交流侧向直流侧反馈的无功能量提供通道，逆变桥各臂都并联了反馈二极管。

电流型逆变电路的主要特点如下：

a. 直流侧串联有大电感，相当于电流源。直流侧电流基本无脉动，直流回路呈现高阻抗。

b. 电路中开关器件的作用仅是改变直流电流的流通路径，因此，交流侧输出电流为矩形波，并且与负载阻抗角无关。而交流侧输出电压波形和相位则因负载阻抗情况的不同而不同。

c. 当交流侧为阻感负载时需要提供无功功率，直流侧电感起缓冲无功能量的作用。因反馈无功能量时直流电流并不反向，故不必像电压型逆变电路那样要给开关器件反并联二极管。

④电压型逆变电路中反馈二极管的作用是什么？为什么电流型逆变电路中没有反馈二极管？

答：在电压型逆变电路中，当交流侧为阻感负载时需要提供无功功率，直流侧电容起缓冲无功能量的作用。为了给交流侧向直流侧反馈的无功能量提供通道，逆变桥各臂都并联了反馈二极管。当输出交流电压和电流的极性相同时，电流经电路中的可控开关器件流通，而当输出电压电流极性相反时，由反馈二极管提供电流通道。

在电流型逆变电路中，直流电流极性是一定的，无功能量由直流侧电感来缓冲。当需要从交流侧向直流侧反馈无功能量时，电流并不反向，依然经电路中的可控开关器件流通，因此，不需要并联反馈二极管。

⑤三相桥式电压型逆变电路，180°导电方式，$U_d = 100$ V。试求输出相电压的基波幅值 U_{UN1m} 和有效值 U_{UN1}、输出线电压的基波幅值 U_{UV1m} 和有效值 U_{UV1}、输出线电压中 5 次谐波的有效值 U_{UV5}。

解：

$$U_{UN1m} = \frac{2U_d}{\pi} = 0.637U_d = 63.7 \text{ V}$$

$$U_{UN1} = \frac{U_{UN1m}}{\sqrt{2}} = 0.45U_d = 45 \text{ V}$$

$$U_{\mathrm{UV1m}} = \frac{2\sqrt{3}U_{\mathrm{d}}}{\pi} = 1.1U_{\mathrm{d}} = 110 \text{ V}$$

$$U_{\mathrm{UV1}} = \frac{U_{\mathrm{UV1m}}}{\sqrt{2}} = \frac{\sqrt{6}}{\pi}U_{\mathrm{d}} = 0.78U_{\mathrm{d}} = 78 \text{ V}$$

$$U_{\mathrm{UV5}} = \frac{U_{\mathrm{UV1}}}{5} = \frac{78}{5} = 15.6 \text{ V}$$

⑥并联谐振式逆变电路利用负载电压进行换相,为保证换相应满足什么条件?

答:要求负载电流超前于电压,因此,补偿电容要使负载过补偿,使负载电路工作在接近并联谐振状态而略呈容性。

假设在 t 时刻触发 VT_2、VT_3 使其导通,负载电压 u_o 就通过 VT_2、VT_3 施加在 VT_1、VT_4 上,使其承受反向电压关断,电流从 VT_1、VT_4 向 VT_2、VT_3 转移,触发 VT_2、VT_3 时刻 t 必须在 u_o 过零前并留有足够的裕量,才能使换流顺利完成。

⑦串联二极管式电流型逆变电路中,二极管的作用是什么?试分析换流过程。

答:二极管的主要作用:一是为换流电容器充电提供通道,并使换流电容的电压能够得以保持,为晶闸管换流作好准备;二是使换流电容的电压能够施加到换流过程中刚刚关断的晶闸管上,使晶闸管在关断之后能够承受一定时间的反向电压,确保晶闸管可靠关断,从而确保晶闸管换流成功。

串联二极管式电流型逆变电路及其换流过程各阶段的电流路径如图 2.4.1 和图 2.4.2 所示。

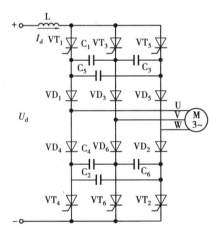

图 2.4.1　串联二极管式电流型逆变电路

以 VT_1 和 VT_3 之间的换流为例,串联二极管式电流型逆变电路的换流过程可简述如下:

给 VT_3 施加触发脉冲,由于换流电容 C_{13} 电压的作用,使 VT_3 导通,而 VT_1 被施以反向电压而关断。直流电流 I_{d} 从 VT_1 换到 VT_3 上,C_{13} 通过 VD_1、U 相负载、W 相负载、VD_2、VT_2、直流电源和 VT_3 放电,如图 2.4.2(b)所示。因放电电流恒为 I_{d},故称恒流放电阶段。在 C_{13} 电压 U_{C13} 下降到零之前,VT_1 一直承受反压,只要反压时间大于晶闸管关断时间 t_{q},就能保证可靠关断。

U_{C13} 降到零时,之后在 U 相负载电感的作用下,开始对 C_{13} 反向充电。如忽略负载中电阻的压降,则在 $U_{C13}=0$ 时刻后,二极管 VD_3 受到正向偏置而导通,开始流过电流,两个二极管同

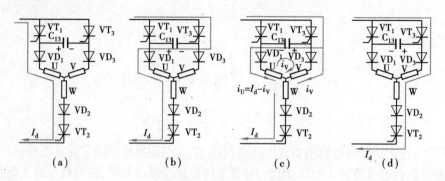

图 2.4.2　换流过程各阶段的电流路径

时导通,进入二极管换流阶段,如图 2.4.2(c)所示。随着 C_{13} 充电电压不断增高,充电电流逐渐减小,到某一时刻充电电流减到零,VD_1 承受反压而关断,二极管换流阶段结束。之后,进入 VT_2、VT_3 稳定导通阶段,电流路径如图 2.4.2(d)所示。

⑧逆变电路多重化的目的是什么? 如何实现? 串联多重和并联多重逆变电路各用于什么场合?

答:逆变电路多重化的目的:一是使总体上装置的功率等级提高,二是可改善输出电压的波形。因为无论是电压型逆变电路输出的矩形电压波,还是电流型逆变电路输出的矩形电流波,都含有较多谐波,对负载有不利影响,采用多重逆变电路,可将几个矩形波组合起来获得接近正弦波的波形。

逆变电路多重化就是把若干个逆变电路的输出按一定的相位差组合起来,使它们所含的某些主要谐波分量相互抵消,就可得到较为接近正弦波的波形。组合方式有串联多重和并联多重两种方式。串联多重是把几个逆变电路的输出串联起来;并联多重是把几个逆变电路的输出并联起来。

串联多重逆变电路多用于电压型逆变电路的多重化;并联多重逆变电路多用于电流型逆变电路的多重化。

⑨多电平逆变电路主要有哪几种形式? 各有什么特点?

答:a. 飞跨电容型逆变电路:电容器件使用多,而且需控制电容上电压,应用较少。

b. 中点嵌位型逆变电路:输出电压谐波小,晶闸管承受的电压减小,使用于高压大容量场合。

c. 单元串联型逆变电路:其组成中每个全桥逆变电路都有一个独立的直流电源,因此,输出电压的串联可不用变压器,串联单元越多,输出电压越高,波形也更接近正弦波。

第 **5** 章
整流电路

【学习指导】

（1）**学习要点**

本章主要讨论各种相控整流电路的工作原理、波形分析及数值计算方法。学习要点如下：

①重点掌握单项可控整流电路(半波可控、桥式全控、全波可控和桥式半控)、三相半波可控整流电路和三相桥式全控整流电路的工作原理、波形分析及数值计算、各种负载对整流电路的影响。

②掌握变压器漏抗对整流电路的影响。在分析的过程中,建立换向电压降、重叠角等概念。

③掌握电容滤波的不可控整流电路的电路分析。

④熟悉整流电路的谐波和功率因数分析。分析各种整流电路产生的谐波情况,以及功率因数分析。

⑤熟悉双反星形可控整流电路的工作情况,建立整流电路多重化的概念。

⑥掌握有源逆变的概念、有源逆变产生的条件及逆变失败。

⑦掌握晶闸管可控整流电路等相控电路的相位控制,即触发电路。重点掌握同步信号为锯齿波的触发电路的电路分析。

（2）**学习重点与难点**

①重点:不同电路结构、不同负载形式下的相控整流电路的工作原理、波形分析及计算;变压器漏抗对整流电路和有源逆变电路的影响;电容滤波的不可控整流电路的电路分析;有源逆变的概念及其实现条件;同步信号为锯齿波的触发电路的电路分析。

②难点:不同电路结构、不同负载形式的相控整流电路波形分析;同步信号为锯齿波的触发电路的电路分析。

（3）**内容的归纳与总结**

整流电路是电力电子电路中出现和应用最早的形式之一。本章所讲述的整流电路及其相关的问题,是本书的重点内容之一,由于篇幅有限,部分内容只给出了各部分的难点和重点,望学习者注意。

在各种整流电路中,重点掌握单相桥式整流电路和三相桥式整流电路,包括其工作原理、波形分析及计算。

1）单相可控整流电路

掌握触发角（触发延迟角）、导通角、移相范围、相控方式、换向（换流）、续流二极管的作用等概念。掌握各整流电路在不同负载下的波形分析及计算。

①单相半波可控整流电路电阻性负载直流输出电压平均值为

$$U_d = \frac{1}{2\pi}\int_\alpha^\pi \sqrt{2}U_2\sin \omega t d(\omega t) = \frac{\sqrt{2}U_2}{2\pi}(1 + \cos \alpha) = 0.45U_2\frac{1 + \cos \alpha}{2}$$

（α 移相范围为180°）

②单相桥式全控整流电路电阻性负载直流输出电压平均值为

$$U_d = \frac{1}{\pi}\int_\alpha^\pi \sqrt{2}U_2\sin(\omega t) = \frac{2\sqrt{2}U_2}{\pi} \cdot \frac{1 + \cos \alpha}{2} = 0.9U_2\frac{1 + \cos \alpha}{2}$$

（α 角的移相范围为180°）

单相桥式全控整流电路阻感性负载直流输出电压平均值为

$$U_d = \frac{1}{\pi}\int_\alpha^{\pi+\alpha}\sqrt{2}U_2\sin \omega t d(\omega t) = \frac{2\sqrt{2}}{\pi}U_2\cos \alpha = 0.9U_2\cos \alpha$$

（α 角的移相范围为90°）

③单相全波可控整流电路

波形分析基本与单相桥式一致。单相全波电路有利于在低输出电压的场合应用。

④单相桥式半控整流电路

与全控电路在电阻负载时的工作情况相同。带电感负载，若无续流二极管，则当 α 突然增大至180°或触发脉冲丢失时，会发生一个晶闸管持续导通而两个二极管轮流导通的情况，这使 U_d 成为正弦半波，称为失控。

2）三相可控整流电路

①三相半波可控整流电路

三相半波可控整流电路在电阻性负载 $\alpha \leqslant 30°$ 和阻感性负载（L 值极大）时，负载电流连续，其直流输出电压平均值为

$$U_d = \frac{1}{\dfrac{2\pi}{3}}\int_{\frac{\pi}{6}+\alpha}^{\frac{5\pi}{6}+\alpha}\sqrt{2}U_2\sin \omega t d(\omega t) = \frac{3\sqrt{6}}{2\pi}U_2\cos \alpha = 1.17U_2\cos \alpha$$

电阻性负载时，α 角的移相范围为150°；阻感性负载时，α 角的移相范围为90°。

三相半波可控整流电路的主要缺点在于其变压器二次电流中含有直流分量，为此其应用较少。

②三相桥式全控整流电路

三相桥式全控整流电路在电阻性负载 $\alpha \leqslant 60°$ 和阻感性负载（L 值极大）时，负载电流连续，其直流输出电压平均值为

$$U_d = \frac{1}{\dfrac{\pi}{3}}\int_{\frac{\pi}{3}+\alpha}^{\frac{2\pi}{3}+\alpha}\sqrt{6}U_2\sin \omega t d(\omega t) = 2.34U_2\cos \alpha$$

电阻性负载时，α 角的移相范围为120°；阻感性负载时，α 角的移相范围为90°。

3）变压器漏感对整流电路的影响

理解其原理,掌握有关概念及计算:换相压降和换相重叠角。

重点针对两种电路:三相半波、三相桥式(需要记住有关公式)。注意,变压器漏感影响时有关计算的特点。

4）电容滤波的不可控整流电路

理解其特性分析和输入、输出的主要物理量波形分析,并对其波形特点进行总结。

5）整流电路的谐波和功率因数

了解谐波和功率因数的基本概念、分析方法。

掌握单相桥式全控整流电路、三相桥式整流电路交流侧谐波和功率因数分析,掌握谐波的规律、功率因数计算的方法;定性地掌握整流电路直流侧电压、电流谐波的规律。

6）大功率可控整流电路

注意大功率场合整流电路的要求,懂得根据要求的不同,组成的大功率电路也有其不同的特点。

7）整流电路的有源逆变工作状态

①逆变的概念

逆变是指把直流电转变成交流电的过程。当交流侧和电网连接时,为有源逆变;交流侧接负载,称为无源逆变。

②三相桥整流电路的有源逆变工作状态

通常把 $\alpha > \pi/2$ 时的控制角用 $\pi - \alpha = \beta$ 表示,β 称为逆变角。

三相桥式电路的输出电压为

$$U_{\mathrm{d}} = -2.34U_2\cos\beta$$

③逆变失败与最小逆变角的限制

逆变运行时,一旦发生换相失败,外接的直流电源就会通过晶闸管电路形成短路,或者使变流器的输出平均电压和直流电动势变成顺向串联,由于逆变电路的内阻很小,形成很大的短路电流,这种情况称为逆变失败。

为了防止逆变失败,不仅逆变角 β 不能等于零,而且不能太小,必须限制在某一允许的最小角度内。

8）相控电路的驱动控制

①同步信号为锯齿波的触发电路

3 个基本环节如下:脉冲的形成与放大,锯齿波的形成,以及脉冲移相和同步环节。

脉冲宽度的控制与脉冲的形成与放大环节有关。锯齿波的斜率与锯齿波的形成和脉冲移相有关,锯齿波的频率与同步环节有关。

②集成触发器

KJ004:与分立元件的锯齿波移相触发电路相似,分为同步、锯齿波形成、移相、脉冲形成、脉冲分选及脉冲放大几个环节。

【习题解析】

①单相半波可控整流电路对电感负载供电,$L = 20$ mH,$U_2 = 100$ V,求当 $\alpha = 0°$ 时和 60°时的负载电流 I_{d},并画出 u_{d} 与 i_{d} 波形。

解:$\alpha = 0°$时,在电源电压 u_2 的正半周期晶闸管导通时,负载电感 L 储能,在晶闸管开始导通时刻,负载电流为零。在电源电压 u_2 的负半周期,负载电感 L 释放能量,晶闸管继续导通。因此,在电源电压 u_2 的一个周期里,下面方程均成立,即

$$L\frac{\mathrm{d}i_d}{\mathrm{d}t} = \sqrt{2}U_2 \sin \omega t$$

考虑到初始条件:当 $\omega t = 0$ 时,$i_d = 0$,可解方程得

$$i_d = \frac{\sqrt{2}U_2}{\omega L}(1 - \cos \omega t)$$

$$I_d = \frac{1}{2\pi}\int_0^{2\pi}\frac{\sqrt{2}U_2}{\omega L}(1 - \cos \omega t)\mathrm{d}(\omega t) = \frac{\sqrt{2}U_2}{\omega L} = 22.51 \text{ A}$$

如图 2.5.1 所示。

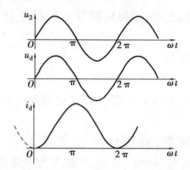

图 2.5.1 u_d 与 i_d 的波形

当 $\alpha = 60°$时,在 u_2 正半周期 $60° \sim 180°$,晶闸管导通使电感 L 储能,电感 L 储藏的能量在 u_2 负半周期 $180° \sim 300°$释放。因此,在 u_2 一个周期中 $60° \sim 300°$,下面微分方程成立,即

$$L\frac{\mathrm{d}i_d}{\mathrm{d}t} = \sqrt{2}U_2 \sin \omega t$$

考虑初始条件:当 $\omega t = 60°$时,$i_d = 0$,可解方程得

$$i_d = \frac{\sqrt{2}U_2}{\omega L}\left(\frac{1}{2} - \cos \omega t\right)$$

其平均值为

$$I_d = \frac{1}{2\pi}\int_{\frac{\pi}{3}}^{\frac{5\pi}{3}}\frac{\sqrt{2}U_2}{\omega L}\left(\frac{1}{2} - \cos \omega t\right)\mathrm{d}(\omega t) = \frac{\sqrt{2}U_2}{2\omega L} = 11.25 \text{ A}$$

此时,如图 2.5.2 所示。

②如图 2.5.3 所示,具有变压器中心抽头的单相全波可控整流电路,问该变压器还有直流磁化问题吗? 试说明:

a. 晶闸管承受的最大反向电压为 $2\sqrt{2}U_2$。

b. 当负载是电阻或电感时,其输出电压和电流的波形与单相全控桥时相同。

答:具有变压器中心抽头的单相全波可控整流电路,该变压器没有直流磁化的问题。因为单相全波可控整流电路变压器二次测绕组中,正负半周内上下绕组内电流的方向相反,波形对称,其一个周期内的平均电流为零,故不会有直流磁化的问题。

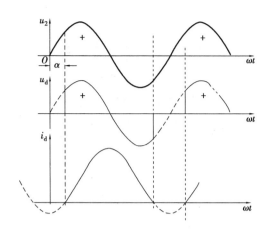

图 2.5.2　u_d 与 i_d 的波形

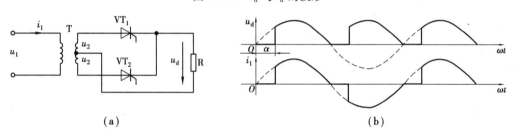

（a）　　　　　　　　　　　　　　（b）

图 2.5.3　单相全波可控整流电路及波形

下面分析晶闸管承受最大反向电压及输出电压和电流波形的情况。

a. 以晶闸管 VT_2 为例。当 VT_1 导通时,晶闸管 VT_2 通过 VT_1 与两个变压器二次绕组并联,故 VT_2 承受的最大电压为 $2\sqrt{2}U_2$。

b. 当单相全波整流电路与单相全控桥式整流电路的触发角 α 相同时,对于电阻负载:$(0 \sim \alpha)$ 时无晶闸管导通,输出电压为 0;$(\alpha \sim \pi)$ 时,单相全波电路中 VT_1 导通,单相全控桥电路中 VT_1、VT_4 导通,输出电压均与电源电压 u_2 相等;$[\pi \sim (\pi + \alpha)]$ 时,均无晶闸管导通,输出电压为 0;$[(\pi + \alpha) \sim 2\pi]$ 时,单相全波电路中 VT_2 导通,单相全控桥电路中 VT_2、VT_3 导通,输出电压等于 $-u_2$。

对于电感负载:$[\alpha \sim (\pi + \alpha)]$ 时,单相全波电路中 VT_1 导通,单相全控桥电路中 VT_1、VT_4 导通,输出电压均与电源电压 u_2 相等;$[(\pi + \alpha) \sim (2\pi + \alpha)]$ 时,单相全波电路中 VT_2 导通,单相全控桥电路中 VT_2、VT_3 导通,输出波形等于 $-u_2$。

可知,两者的输出电压相同,加到同样的负载上时,则输出电流也相同。

③单相桥式全控整流电路,$U_2 = 100$ V,负载中 $R = 2$ Ω,L 值极大,当 $\alpha = 30°$ 时,要求:

a. 作出 u_d、i_d 和 i_2 的波形。

b. 求整流输出平均电压 U_d、电流 I_d,变压器二次电流有效值 I_2。

c. 考虑安全裕量,确定晶闸管的额定电压和额定电流。

解:a. u_d、i_d 和 i_2 的波形如图 2.5.4 所示。

b. 输出平均电压 U_d、电流 I_d,变压器二次电流有效值 I_2 分别为

$$U_d = 0.9 U_2 \cos \alpha = 0.9 \times 100 \times \cos 30° = 77.97 \text{ V}$$

$$I_d = U_d / R = 77.97 / 2 = 38.99 \text{ A}$$

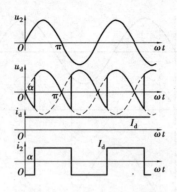

图 2.5.4　u_d、i_d 和 i_2 的波形

$$I_2 = I_d = 38.99 \text{ A}$$

c. 晶闸管承受的最大反向电压为

$$\sqrt{2} U_2 = 100 \sqrt{2} \text{ V} = 141.4 \text{ V}$$

考虑安全裕量,晶闸管的额定电压为

$$U_N = (2 \sim 3) \times 141.4 \text{ V} = (283 \sim 424) \text{ V}$$

具体数值可按晶闸管产品系列参数选取。

流过晶闸管的电流有效值为

$$I_{VT} = I_d / \sqrt{2} = 27.57 \text{ A}$$

晶闸管的额定电流为

$$I_N = [(1.5 \sim 2) \times 27.57] / 1.57 \text{ A} = (26 \sim 35) \text{ A}$$

具体数值可按晶闸管产品系列参数选取。

④单相桥式半控整流电路,电阻性负载,画出整流二极管在 1 周内承受的电压波形。

解:注意到二极管的特点:承受电压为正即导通。因此,二极管承受的电压不会出现正的部分。在电路中器件均不导通的阶段,交流电源电压由晶闸管平衡。

整流二极管在 1 周内承受的电压波形如图 2.5.5 所示。

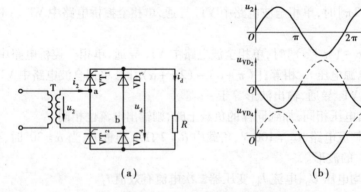

图 2.5.5　整流二极管的电压波形

⑤单相桥式全控整流电路,$U_2 = 200$ V,负载中 $R = 2$ Ω,L 值极大,反电势 $E = 100$ V。当 $\alpha = 45°$ 时,要求:

a. 作出 u_d、i_d 和 i_2 的波形。

b. 求整流输出平均电压 U_d、电流 I_d 以及变压器二次侧电流有效值 I_2。

c.考虑安全裕量,确定晶闸管的额定电压和额定电流。

解:a.u_d、i_d 和 i_2 的波形如图 2.5.6 所示。

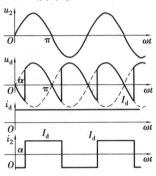

图 2.5.6　u_d、i_d 和 i_2 的波形

b.整流输出平均电压 U_d、电流 I_d,变压器二次侧电流有效值 I_2 分别为

$$U_d = 0.9\,U_2 \cos\alpha = 0.9 \times 200 \times \cos 45° \text{ A} = 127.3 \text{ A}$$

$$I_d = \frac{U_d - E}{R} = (127.3 - 100)/2 \text{ A} = 13.65 \text{ A}$$

$$I_2 = I_d = 13.65 \text{ A}$$

c.闸管承受的最大反向电压为

$$\sqrt{2}U_2 = 200\sqrt{2} \text{ V} = 282.8 \text{ V}$$

流过每个晶闸管的电流的有效值为

$$I_{VT} = \frac{I_d}{\sqrt{2}} = 9.65 \text{ A}$$

故晶闸管的额定电压为

$$U_N = \left[(2 \sim 3) \times 282.8\right] \text{ V} = (566 \sim 848) \text{ V}$$

晶闸管的额定电流为

$$I_N = \left[(1.5 \sim 2) \times 9.65\right] / 1.57 \text{ A} = (6.43 \sim 4.83) \text{ A}$$

晶闸管额定电压和电流的具体数值可按晶闸管产品系列参数选取。

⑥晶闸管串联的单相半控桥(桥中 VT_1、VT_2 为晶闸管),电路如图 2.5.7 所示,$U_2 = 100$ V,电阻电感负载,$R = 2$ Ω,L 值很大。当 $\alpha = 60°$ 时,求流过器件电流的有效值,并作出 u_d、i_d、i_{VT}、i_{VD} 的波形。

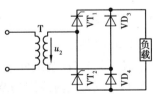

图 2.5.7　单相桥式半控整流电路的一种接法

解:u_d、i_d、i_{VT}、i_{VD} 的波形如图 2.5.8 所示。

负载电压的平均值为

$$U_d = \frac{1}{\pi}\int_{\frac{\pi}{3}}^{\pi} \sqrt{2}U_2 \sin\omega t\,\mathrm{d}(\omega t) = 0.9U_2 \frac{1 + \cos(\pi/3)}{2} = 67.5 \text{ V}$$

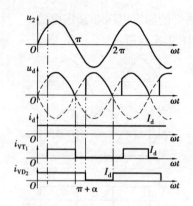

图 2.5.8 u_d、i_d、i_{VT}、i_{VD} 的波形

负载电流的平均值为

$$I_d = \frac{U_d}{R} = \frac{67.52}{2} \text{A} = 33.75 \text{A}$$

流过晶闸管 VT_1、VT_2 的电流有效值为

$$I_{VT} = \sqrt{\frac{1}{3}} I_d = 19.49 \text{A}$$

流过二极管 VD_3、VD_4 的电流有效值为

$$I_{VD} = \sqrt{\frac{2}{3}} I_d = 27.56 \text{A}$$

⑦在三相半波整流电路中,如果 α 相的触发脉冲消失,试画出在电阻性负载和电感性负载下整流电压 u_d 的波形。

解:假设 $\alpha = 0°$,当负载为电阻时,u_d 的波形如图 2.5.9 所示。

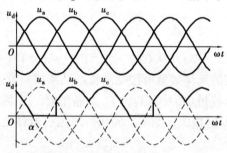

图 2.5.9 负载为电阻时,u_d 的波形

当负载为电感时,u_d 的波形如图 2.5.10 所示。

⑧三相半波整流电路,可将整流变压器的二次绕组分为两段成为曲折接法,每段的电动势相同,其分段布置及其矢量如图 2.5.11 所示,此时线圈的绕组增加了一些,铜的用料约增加 10%,问变压器铁芯是否被直流磁化? 为什么?

答:变压器铁芯不会被直流磁化。原因如下:变压器二次绕组在一个周期内:当 a_1c_2 对应的晶闸管导通时,a_1 的电流向下流,c_2 的电流向上流;当 c_1b_2 对应的晶闸管导通时,c_1 的电流向下流,b_2 的电流向上流;当 b_1a_2 对应的晶闸管导通时,b_1 的电流向下流,a_2 的电流向上流;就变压器的一次绕组而言,每一周期中有两段时间(各为 120°)有电流流过,流过的电流大小

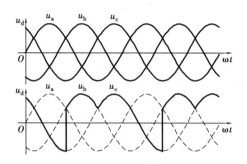

图 2.5.10　负载为电感时, u_d 的波形

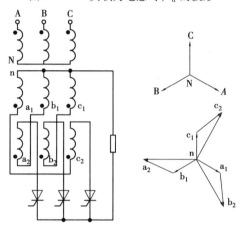

图 2.5.11　变压器二次绕组的曲折接法及其矢量图

相等而方向相反,故 1 周期内流过的电流平均值为零,所以变压器铁芯不会被直流磁化。

⑨三相半波整流电路的共阴极接法与共阳极接法,a、b 两相的自然换相点是同一点吗? 如果不是,它们在相位上差多少度?

答:三相半波整流电路的共阴极接法与共阳极接法,a、b 两相之间换相的自然换相点不是同一点。它们在相位上相差 180°。

⑩有两组三相半波可控整流电路:一组是共阴极接法,另一组是共阳极接法。如果它们的触发角都是 α,那么,共阴极组的触发脉冲与共阳极组的触发脉冲对同一相来说,如都是 a 相,在相位上差多少度?

答:相差 180°。

⑪三相半波可控整流电路, $U_2 = 100$ V,带电阻电感负载, $R = 5$ Ω,L 值极大。当 $\alpha = 60°$ 时,要求:

a. 画出 u_d、i_d 和 i_{VT1} 的波形。

b. 计算 U_d、I_d、I_{dVT} 和 I_{VT}。

解:a. u_d、i_d 和 i_{VT1} 的波形如图 2.5.12 所示。

b. U_d、I_d、I_{dVT} 和 I_{VT} 分别为

$$U_d = 1.17U_2\cos\alpha = 1.17 \times 100 \times \cos 60° = 58.5 \text{ V}$$

$$I_d = U_d / R = 58.5 / 5 = 11.7 \text{ A}$$

$$I_{dVT} = I_d / 3 = 11.7 / 3 = 3.9 \text{ A}$$

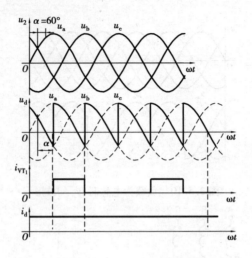

图 2.5.12 u_d、i_d 和 i_{VT1} 的波形

$$I_{VT} = I_d / \sqrt{3} = 6.755 \text{ A}$$

⑫在三相桥式全控整流电路中,电阻负载,如果有一个晶闸管不能导通,此时的整流电压 u_d 波形如何? 如果有一个晶闸管被击穿而短路,其他晶闸管受什么影响?

答:假设 VT_1 不能导通,整流电压 u_d 波形如图 2.5.13 所示。

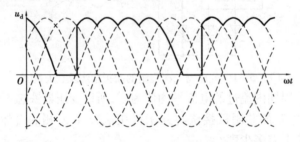

图 2.5.13 整流电压 u_d 波形

假设 VT_1 被击穿而短路,则当晶闸管 VT_3 或 VT_5 导通时,将发生电源相间短路,使得 VT_3、VT_5 也可能分别被击穿。

⑬三相桥式全控整流电路,$U_2 = 100$ V,带电阻电感负载,$R = 5\Omega$,L 值极大。当 $\alpha = 60°$ 时,要求:

a. 画出 u_d、i_d 和 i_{VT1} 的波形。

b. 计算 U_d、I_d、I_{dVT} 和 I_{VT}。

解:a. u_d、i_d 和 i_{VT1} 的波形如图 2.5.14 所示。

b. U_d、I_d、I_{dVT} 和 I_{VT} 分别为

$$U_d = 2.34 U_2 \cos \alpha = 2.34 \times 100 \times \cos 60° = 117 \text{ V}$$

$$I_d = U_d / R = 117 / 5 = 23.4 \text{ A}$$

$$I_{dVT} = \frac{I_d}{3} = \frac{23.4}{3} = 7.8 \text{ A}$$

$$I_{VT} = \frac{I_d}{\sqrt{3}} = \frac{23.4}{\sqrt{3}} = 13.51 \text{ A}$$

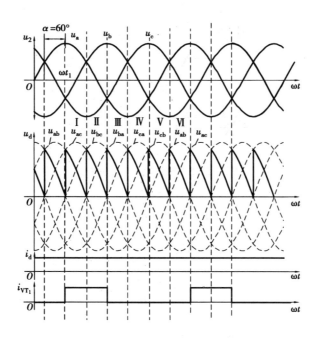

图 2.5.14　u_d、i_d 和 i_{VT1} 的波形

⑭单相全控桥,反电动势阻感负载,$R = 1\Omega$,$L = \infty$,$E = 40$ V,$U_2 = 100$ V,$L_B = 0.5$ mH。当 $\alpha = 60°$ 时,求 U_d、I_d 与 γ 的数值,并画出整流电压 u_d 的波形。

解:考虑 L_B 时,有

$$U_d = 0.9 U_2 \cos \alpha - \Delta U_d$$

$$\Delta U_d = \frac{2 X_B I_d}{\pi}$$

$$I_d = \frac{U_d - E}{R}$$

解方程组得

$$U_d = \frac{\pi R\, 0.9 U_2 \cos \alpha + 2 X_B E}{\pi R + 2 X_B} = 44.55 \text{ V}$$

$$\Delta U_d = 0.455 \text{ V}$$

$$I_d = 4.55 \text{ A}$$

又因

$$\cos \alpha - \cos(\alpha + \gamma) = \frac{\sqrt{2} I_d X_B}{U_2}$$

即得出

$$\cos(60° + \gamma) = 0.479\,8$$

换流重叠角

$$\gamma = 61.33° - 60° = 1.33°$$

最后,作出整流电压 U_d 的波形如图 2.5.15 所示。

⑮三相半波可控整流电路,反电动势阻感负载,$U_2 = 100$ V,$R = 1\ \Omega$,$L = \infty$,$L_B = 1$ mH,求当 $\alpha = 30°$ 时、$E = 50$ V 时 U_d、I_d、γ 的值,并作出 u_d 与 i_{VT1} 和 i_{VT2} 的波形。

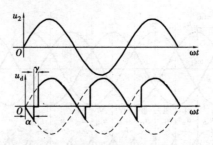

图 2.5.15 整流电压 u_d 的波形

解:考虑 L_B 时,有

$$U_d = 1.17U_2 \cos \alpha - \Delta U_d$$

$$\Delta U_d = \frac{3X_B I_d}{2\pi}$$

$$I_d = \frac{U_d - E}{R}$$

解方程组得

$$U_d = \frac{\pi R\, 1.17U_2 \cos \alpha + 3X_B E}{2\pi R + 3X_B} = 94.63 \text{ V}$$

$$\Delta U_d = 6.7 \text{ V}$$

$$I_d = 44.63 \text{ A}$$

又因

$$\cos \alpha - \cos(\alpha + \gamma) = \frac{2I_d X_B}{\sqrt{6}U_2}$$

即得出

$$\cos(30° + \gamma) = 0.752$$

换流重叠角

$$\gamma = 41.28° - 30° = 11.28°$$

u_d、i_{VT1} 和 i_{VT2} 的波形如图 2.5.16 所示。

⑯三相桥式不可控整流电路,阻感负载,$R = 2 \ \Omega$,$L = \infty$,$U_2 = 100 \text{ V}$,$X_B = 0.1 \ \Omega$,求 U_d、I_d、I_{VD}、I_2 和 γ 的值,并画出 u_d、i_{VD} 和 i_{2a} 的波形。

解:三相桥式不可控整流电路相当于三相桥式可控整流电路 $\alpha = 0°$ 时的情况。

$$U_d = 2.34U_2 \cos \alpha - \Delta U_d$$

$$\Delta U_d = \frac{3X_B I_d}{\pi}$$

$$I_d = \frac{U_d}{R}$$

解方程组得

$$U_d = \frac{2.34U_2 \cos \alpha}{1 + \frac{3X_B}{\pi R}} = 223.28 \text{ V}$$

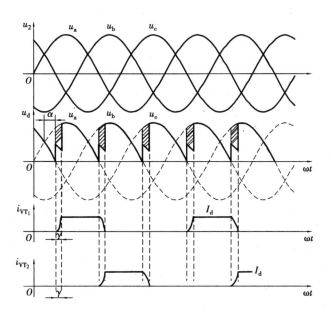

图 2.5.16　u_d、i_{VT1} 和 i_{VT2} 的波形

$$I_d = 111.64 \text{ A}$$

又因

$$\cos\alpha - \cos(\alpha + \gamma) = \frac{2I_d X_B}{\sqrt{6}U_2}$$

即得出

$$\cos\gamma = 0.91$$

换流重叠角为

$$\gamma = 24.49°$$

二极管电流和变压器二次测电流的有效值分别为

$$I_{VD} = \frac{I_d}{3} = \frac{111.64}{3} = 37.21 \text{ A}$$

$$I_{2a} = \sqrt{\frac{2}{3}} I_d = 91.15 \text{ A}$$

u_d、i_{VD_1} 和 i_{2a} 的波形如图 2.5.17 所示。

⑰三相全控桥,反电动势阻感负载,$E = 200$ V,$R = 1$ Ω,$L = \infty$,$U_2 = 220$ V,$\alpha = 60°$,当 a. $L_B = 0$ 和 b. $L_B = 1$ mH 情况下,分别求 U_d、I_d 的值,后者还应求 γ,并分别作出 u_d 与 i_{VT} 的波形。

解:a. 当 $L_B = 0$ 时

$$U_d = 2.34U_2\cos\alpha = 2.34 \times 220 \times \cos60° \text{ V} = 257.4 \text{ V}$$

$$I_d = \frac{U_d - E}{R} = \frac{257.4 - 200}{1} \text{ A} = 57.4 \text{ A}$$

b. 当 $L_B = 1$ mH 时

$$U_d = 2.34U_2\cos\alpha - \Delta U_d$$

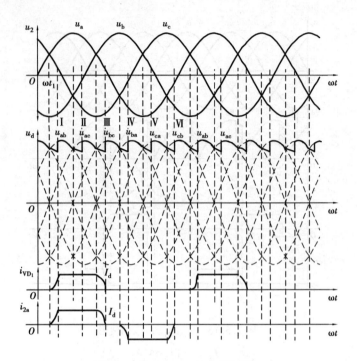

图 2.5.17　u_d、i_{VD1} 和 i_{2a} 的波形

$$\Delta U_d = \frac{3X_B I_d}{\pi}$$

$$I_d = \frac{U_d - E}{R}$$

解方程组得

$$U_d = \frac{2.34\pi U_2 R \cos\alpha + 3X_B E}{\pi R + 3X_B} = 244.15 \text{ V}$$

$$I_d = 44.15 \text{ A}$$

$$\Delta U_d = 13.25 \text{ V}$$

又因

$$\cos\alpha - \cos(\alpha + \gamma) = \frac{2X_B I_d}{\sqrt{6}U_2}$$

$$\cos(60° + \gamma) = 0.4485$$

$$\gamma = 63.35° - 60° = 3.35°$$

u_d、i_{VT1} 和 i_{VT2} 的波形如图 2.5.18 所示。

⑱单相桥式全控整流电路,其整流输出电压中含有哪些次数的谐波? 其中幅值最大的是哪一次? 变压器二次侧电流中含有哪些次数的谐波? 其中主要的是哪几次?

答:单相桥式全控整流电路,其整流输出电压中含有 $2k(k=1,2,3,\cdots)$ 次谐波,其中幅值最大的是 2 次谐波。变压器二次侧电流中含有 $2k+1(k=1,2,3,\cdots)$ 次即奇次谐波,其中主要的有 3 次、5 次谐波。

⑲三相桥式全控整流电路,其整流输出电压中含有哪些次数的谐波? 其中幅值最大的是

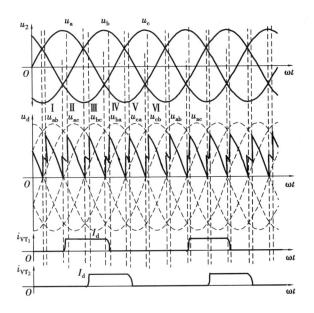

图 2.5.18　u_d、i_{VT1} 和 i_{VT2} 的波形

哪一次? 变压器二次侧电流中含有哪些次数的谐波? 其中主要的是哪几次?

答:三相桥式全控整流电路的整流输出电压中含有 $6k(k=1,2,3,\cdots)$ 次的谐波,其中幅值最大的是 6 次谐波。变压器二次侧电流中含有 $6k\pm1(k=1,2,3,\cdots)$ 次的谐波,其中主要的是 5、7 次谐波。

⑳试计算第③题中 i_2 的 3、5、7 次谐波分量的有效值 I_{23}、I_{25}、I_{27}。

解:在第③题中已知电路为单相全控桥,其输出电流平均值为

$$I_d = 38.99 \text{ A}$$

于是,可得

$$I_{23} = \frac{2\sqrt{2}I_d}{3\pi} = \frac{2\sqrt{2} \times 38.99}{3\pi} = 11.7 \text{ A}$$

$$I_{25} = \frac{2\sqrt{2}I_d}{5\pi} = \frac{2\sqrt{2} \times 38.99}{5\pi} = 7.02 \text{ A}$$

$$I_{27} = \frac{2\sqrt{2}I_d}{7\pi} = \frac{2\sqrt{2} \times 38.99}{7\pi} = 5.01 \text{ A}$$

㉑试计算第⑬题中 i_2 的 5、7 次谐波分量的有效值 I_{25}、I_{27}。

解:第⑬题中,电路为三相桥式全控整流电路,且已知

$$I_d = 23.4 \text{ A}$$

由此可计算出 5 次和 7 次谐波分量的有效值为

$$I_{25} = \frac{\sqrt{6}I_d}{5\pi} = \frac{\sqrt{6} \times 23.4}{5\pi} = 3.65 \text{ A}$$

$$I_{27} = \frac{\sqrt{6}I_d}{7\pi} = \frac{\sqrt{6} \times 23.4}{7\pi} = 2.61 \text{ A}$$

㉒试分别计算第③题和第⑬题电路的输入功率因数。

解:a. 第③题中基波电流的有效值为

$$I_1 = \frac{2\sqrt{2}I_d}{\pi} = \frac{2\sqrt{2} \times 38.99}{\pi} = 35.1 \text{ A}$$

基波因数为

$$\nu = \frac{I_1}{I} = \frac{I_1}{I_d} = \frac{35.1}{38.99} = 0.9$$

电路的输入功率因数为

$$\lambda = \nu \cos\alpha = 0.9\cos30° = 0.78$$

b. 第⑬题中基波电流的有效值为

$$I_1 = \frac{\sqrt{6}I_d}{\pi} = \frac{\sqrt{6} \times 23.39}{\pi} \text{ A} = 18.243 \text{ A}$$

基波因数为

$$\nu = \frac{I_1}{I} = \frac{I_1}{I_d} = 0.955$$

电路的输入功率因数为

$$\lambda = \nu \cos\alpha = 0.955\cos60° = 0.48$$

㉓带平衡电抗器的双反星形可控整流电路与三相桥式全控整流电路相比有何主要异同?

答:带平衡电抗器的双反星形可控整流电路与三相桥式全控整流电路相比有以下异同点:

a. 三相桥式电路是两组三相半波电路串联,而双反星形电路是两组三相半波电路并联,且后者需要用平衡电抗器。

b. 当变压器二次电压有效值 U_2 相等时,双反星形电路的整流电压平均值 U_d 是三相桥式电路的 $1/2$,而整流电流平均值 I_d 是三相桥式电路的 2 倍。

c. 在两种电路中,晶闸管的导通及触发脉冲的分配关系是一样的,整流电压 u_d 和整流电流 i_d 的波形形状一样。

㉔整流电路多重化的主要目的是什么?

答:整流电路多重化的目的主要包括两个方面:一是可使装置总体的功率容量大;二是能够减少整流装置所产生的谐波和无功功率对电网的干扰。

㉕12 脉波、24 脉波整流电路的整流输出电压和交流输入电流中各含哪些次数的谐波?

答:12 脉波电路整流电路的交流输入电流中含有 11 次、13 次、23 次、25 次等即 $12k \pm 1$ ($k = 1,2,3,\cdots$)次谐波,整流输出电压中含有 12、24 等即 $12k(k = 1,2,3,\cdots)$ 次谐波。

24 脉波整流电路的交流输入电流中含有 23 次、25 次、47 次、49 次等,即 $24k \pm 1(k = 1,2,3,\cdots)$ 次谐波,整流输出电压中含有 24、48 等即 $24k(k = 1,2,3,\cdots)$ 次谐波。

㉖使变流器工作于有源逆变状态的条件是什么?

答:条件有两个:一是直流侧要有电动势,其极性须和晶闸管的导通方向一致,其值应大于变流电路直流侧的平均电压;二是要求晶闸管的控制角 $\alpha > \pi/2$,使 U_d 为负值。

㉗三相全控桥变流器,反电动势阻感负载,$R = 1\Omega$,$L = \infty$,$U_2 = 220$ V,$L_B = 1$ mH。当 $E_M = -400$ V,$\beta = 60°$ 时,求 U_d、I_d 与 γ 的值。此时,送回电网的有功功率是多少?

解:由题意可列出等式

$$U_d = 2.34U_2\cos(\pi - \beta) - \Delta U_d$$

$$\Delta U_{\mathrm{d}} = \frac{3X_{\mathrm{B}}I_{\mathrm{d}}}{\pi}$$

$$I_{\mathrm{d}} = \frac{U_{\mathrm{d}} - E_{\mathrm{M}}}{R}$$

3 式联立求解,得

$$U_{\mathrm{d}} = \frac{2.34\pi U_2 R \cos(\pi - \beta) + 3X_{\mathrm{B}}E_{\mathrm{M}}}{\pi R + 3X_B} = -290.3 \text{ V}$$

$$I_{\mathrm{d}} = 109.7 \text{ A}$$

可计算换流重叠角为

$$\cos\alpha - \cos(\alpha + \gamma) = \frac{2X_{\mathrm{B}}I_{\mathrm{d}}}{\sqrt{6}U_2} = 0.127\ 9$$

$$\cos(120° + \gamma) = -0.627\ 9$$

$$\gamma = 128.90° - 120° = 8.90°$$

送回电网的有功功率为

$$P = |E_{\mathrm{M}}I_{\mathrm{d}}| - I_{\mathrm{d}}^2 R = 400 \times 109.7 - 109.7^2 \times 1 = 31.85 \text{ kW}$$

㉘单相全控桥,反电动势阻感负载,$R = 1\Omega$,$L = \infty$,$U_2 = 100$ V,$L = 0.5$ mH。当 $E_{\mathrm{M}} = -99$ V,$\beta = 60°$时,求 U_{d}、I_{d} 和 γ 的值。

解:由题意可列出等式

$$U_{\mathrm{d}} = 0.9U_2 \cos(\pi - \beta) - \Delta U_{\mathrm{d}}$$

$$\Delta U_{\mathrm{d}} = \frac{2X_{\mathrm{B}}I_{\mathrm{d}}}{\pi}$$

$$I_{\mathrm{d}} = \frac{U_{\mathrm{d}} - E_{\mathrm{M}}}{R}$$

3 式联立求解,得

$$U_{\mathrm{d}} = \frac{\pi R\ 0.9U_2 \cos(\pi - \beta) + 2X_{\mathrm{B}}E_{\mathrm{M}}}{\pi R + 2X_{\mathrm{B}}} = -49.91 \text{ V}$$

$$I_{\mathrm{d}} = 49.09 \text{ A}$$

又因

$$\cos\alpha - \cos(\alpha + \gamma) = \frac{\sqrt{2}I_{\mathrm{d}}X_{\mathrm{B}}}{U_2} = 0.218\ 1$$

即得出

$$\cos(120° + \gamma) = -0.718\ 1$$

换流重叠角

$$\gamma = 135.9° - 120° = 15.9°$$

㉙什么是逆变失败? 如何防止逆变失败?

答:逆变运行时,一旦发生换流失败,外接的直流电源就会通过晶闸管电路形成短路,或者使变流器的输出平均电压和直流电动势变为顺向串联,由于逆变电路内阻很小,形成很大的短路电流,称为逆变失败或逆变颠覆。

防止逆变失败的方法有:采用精确可靠的触发电路,使用性能良好的晶闸管,保证交流电源的质量,留出充足的换向裕量角 β 等。

㉚单相桥式全控整流电路、三相桥式全控整流电路中,当负载分别为电阻负载或电感负载时,要求的晶闸管移相范围分别是多少?

答:单相桥式全控整流电路,当负载为电阻负载时,要求的晶闸管移相范围是 $0° \sim 180°$,当负载为电感负载时,要求的晶闸管移相范围是 $0° \sim 90°$。

三相桥式全控整流电路,当负载为电阻负载时,要求的晶闸管移相范围是 $0° \sim 120°$,当负载为电感负载时,要求的晶闸管移相范围是 $0° \sim 90°$。

第 **6** 章
交流-交流变换电路

【学习指导】

(1)学习要点

①掌握单相交流调压电路的电路构成,熟悉在电阻性和阻感性负载时的工作原理、电路波形及计算;了解三相交流调压电路的基本构成和基本工作原理。

②了解交流调功电路和交流电力电子开关的相关概念。

③掌握晶闸管相位控制交-交变频电路的电路构成、工作原理和输入输出特性。

④了解矩阵式交-交变频电路的基本概念及各种交-交变频电路的主要应用。

(2)学习重点与难点

①重点:单相交流调压电路的工作原理、波形分析与数值计算;交流调压电路与交流调功电路的区别。

②难点:晶闸管相位控制交-交变频电路的电路构成、工作原理和输入输出特性。

(3)内容的归纳与总结

1)概念

交流-交流-变流电路,即把一种形式的交流变成另一种形式交流的电路。只改变电压、电流或对电路的通断进行控制,而不改变频率的电路称为交流电力控制电路。改变频率的电路称为变频电路。

2)交流调压电路

①单相交流调压电路

A.电阻负载

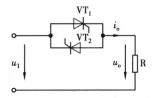

图2.6.1　电阻性负载单相交流调压电路

电阻性负载单相交流调压电路如图 2.6.1 所示。在交流电源 u_1 的正半周和负半周,分别对 VT$_1$ 和 VT$_2$ 的开通角 α 进行控制,就可调节输出电压。α 的移相范围为 $0 \to \alpha$,随着 α 的增大,u_o 逐渐降低,功率因数 λ 逐渐降低。

B. 阻感负载

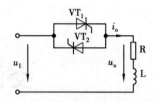

图 2.6.2　阻感性负载单相交流调压电路

阻感性负载单相交流调压电路如图 2.6.2 所示。若晶闸管短接,稳态时负载电流为正弦波,相位滞后于 u_1 的角度为 φ。当用晶闸管控制时,只能进行滞后控制,使负载电流更为滞后。设负载的阻抗角为 $\varphi = \arctan(\omega L / R)$,稳态时的移相范围应为 $\varphi \leqslant \alpha \leqslant \pi$。

②三相交流调压电路

根据三相联结形式的不同,三相交流调压电路具有多种形式,其中以星形联结、支路控制三角形联结方式较为常用。星形联结方式中,若存在中性线,则三相各晶闸管工作无相互影响。因此,该电路与 3 个单相交流调压电路的工作过程完全相同;若无中性线,则三相间必须有两个或两个以上晶闸管导通才能构成导电回路,故电路有且只有 3 种工作状态:三相导通、两相导通和三相均不导通。在三角形联结方式中,三相各晶闸管工作也无相互影响,故该电路与 3 个单相交流调压电路的工作过程完全相同,需考虑的问题是电源电流是两相负载电流的合成,将两相电流相加获得。

3)其他交流电力控制电路

①交流调功电路

交流调功电路和交流调压电路的电路形式完全相同,只是控制方式不同。通过改变接通周波数与断开周波数的比值来调节负载所消耗的平均功率。其常用于电炉的温度控制,因直接调节对象是电路的平均功率,故称为交流调功电路。

②交流电力电子开关

交流电力电子开关的电路结构与交流调压电路也基本相同,主要差别在于控制方式没有明确的控制周期,通断频率一般也较低。与机械开关相比,具有响应速度快、寿命长等优点。

4)交-交变频电路

交-交变频电路是把电网频率的交流电直接变换成可调频率的交流电的变流电路,因没有中间直流环节,故属于直接变频电路。

①单相交-交变频电路

单相交-交变频电路由 P 组和 N 组反并联的晶闸管变流电路构成,与直流电动机可逆调速用的四象限变流电路完全相同。变流器 P 和 N 都是相控整流电路。单相交-交变频电路中正反组如何交替工作及其各自的工作状态是重点,理解时可从晶闸管的单相导电性入手,了解负载电流方向决定哪组整流器工作的原理,然后根据电压与电流的极性所决定的输出功率正负确定整流器工作于整流或逆变状态。

②三相交-交变频电路

三相交-交变频电路是由 3 组输出电压相位各差 120°的单相交-交变频电路组成的,因此工作过程和原理也基本相同。为了防止各个单相电路间形成短路回路,形成了公共交流母线进线三相交-交变频电路和输出星形联结方式三相交-交变频电路两种电路结构。另外,由于 3 个单相电路输入电流的互补及谐波抵消效应,使三相交-交变频电路的功率因数、谐波情况与单相电路相比有所改善。

5)矩阵式变频电路

了解矩阵式变频电路的拓扑及基本开关单元、基本原理特性;建立矩阵式变频电路的基本概念,为以后进一步学习打下基础。

【习题解析】

①一台调光台灯由单相交流调压电路供电,设该台灯可看作电阻负载,在 $\alpha = 0$ 时输出功率为最大值,试求功率为最大输出功率的 80%、50% 时的开通角 α。

解:$\alpha = 0$ 时的输出电压最大,即

$$U_{0\ \max} = \sqrt{\frac{1}{\pi} \int_0^\pi (\sqrt{2}U_1 \sin \omega t)^2 \mathrm{d}(\omega t)} = U_1$$

此时负载电流最大,即

$$I_{0\ \max} = \frac{U_{0\ \max}}{R} = \frac{U_1}{R}$$

因此,最大输出功率为

$$P_{\max} = U_{0\ \max} \times I_{0\ \max} = \frac{U_1^2}{R}$$

输出功率为最大输出功率的 80% 时,有

$$P = U_0 I_0 = \frac{U_0^2}{R} = 80\% \frac{U_1^2}{R}$$

此时

$$U_0 = \sqrt{0.8} U_1$$

又由

$$U_0 = U_1 \sqrt{\frac{\sin 2\alpha}{2\pi} + \frac{\pi - \alpha}{\pi}}$$

解得

$$\alpha = 60.54°$$

同理,输出功率为最大输出功率的 50% 时,有

$$U_0 = \sqrt{0.5} U_1$$

又由

$$U_0 = U_1 \sqrt{\frac{\sin 2\alpha}{2\pi} + \frac{\pi - \alpha}{\pi}}$$

解得

$$\alpha = 90°$$

②一单相交流调压器,电源为工频 220 V,阻感串联作为负载,其中 $R = 0.5\ \Omega, L = 2\ \text{mH}$。试求:

a. 触发延迟角 α 的变化范围。

b. 负载电流的最大有效值。

c. 最大输出功率及此时电源侧的功率因数。

d. 当 $\alpha = \dfrac{\pi}{2}$ 时,晶闸管电流有效值、晶闸管导通角和电源侧功率因数。

解:a. $\varphi = \arctan \dfrac{\omega L}{R} = \arctan \dfrac{2\pi \times 50 \times 2 \times 10^{-3}}{0.5} = 51.47°$

故触发延迟角 α 的变化范围为

$$51.47° \leqslant \alpha \leqslant 180°$$

b. 负载电流的最大有效值发生在 $\alpha = \varphi$ 时,负载电流是正弦波,即

$$I_o = \frac{U_1}{\sqrt{R^2 + (\omega L)^2}} = \frac{220}{\sqrt{0.5^2 + 0.628^2}} \text{A} = 273.97 \text{ A}$$

c. $P_{\max} = I_0^2 R = 37.53\ \text{kW}$

$$\lambda = \frac{P}{S} = \frac{P_{\max}}{U_1 I_0} = \cos\varphi = 0.62$$

d. 由公式 $\sin(\alpha + \theta - \varphi) = \sin(\alpha - \varphi)\text{e}^{-\frac{\theta}{\tan\varphi}}$,当 $\alpha = \dfrac{\pi}{2}$ 时,得

$$\cos(\theta - \varphi) = \text{e}^{-\frac{\theta}{\tan\varphi}}\cos\varphi$$

对上式 θ 求导,得

$$-\sin(\theta - \varphi) = -\frac{1}{\tan\varphi}\text{e}^{-\frac{\theta}{\tan\varphi}}\cos\varphi$$

再由 $\sin^2(\theta - \varphi) + \cos^2(\theta - \varphi) = 1$,得

$$\text{e}^{-\frac{2\theta}{\tan\varphi}}\left(1 + \frac{1}{\tan^2\varphi}\right)\cos^2\varphi = 1$$

解得晶闸管导通角为

$$\theta = -\tan\varphi \ln\tan\varphi = 136°$$

晶闸管的电流有效值为

$$I_{\text{VT}} = \frac{U_1}{\sqrt{2\pi}Z}\sqrt{\theta - \frac{\sin\theta\cos(2\alpha + \varphi + \theta)}{\cos\varphi}} = 123 \text{ A}$$

电源侧功率因素为

$$\cos\lambda = \frac{U_o I_o}{U_1 I_o} = \frac{U_o}{U_1} = \sqrt{\frac{\theta}{\pi} - \frac{\sin 2\alpha - \sin(2\alpha + 2\theta)}{\pi}} = 0.66$$

③交流调压电路和交流调功电路有什么区别? 两者各运用于什么样的负载? 为什么?

答:交流调压电路和交流调功电路的电路形式完全相同,两者的区别在于控制方式不同。

交流调压电路是在交流电源的每个周期对输出电压波形进行控制,而交流调功电路是将负载与交流电源接通几个周波,再断开几个周波,通过改变接通周波数与断开周波数的比值来调节负载所消耗的平均功率。

交流调压电路广泛用于灯光控制(如调光台灯和舞台灯光控制)及异步电动机的软启动,也用于异步电动机调速。在供用电系统中,还常用于对无功功率的连续调节。此外,在高电压小电流或低电压大电流直流电源中,也常采用交流调压电路调节变压器一次电压。如采用晶闸管相控整流电路,高电压小电流可控直流电源就需要很多晶闸管串联;同样,低电压大电流直流电源需要很多晶闸管并联,这都是十分不合理的。采用交流调压电路在变压器一次侧调压,其电压电流值都不太大也不太小,在变压器二次侧只要用二极管整流就可以了。这样的电路体积小、成本低,易于设计制造。

交流调功电路常用于电炉温度这种时间常数很大的控制对象。由于控制对象的时间常数大,没有必要对交流电源的每个周期进行频繁控制。

④交-交变频电路的最高输出频率是多少?制约输出频率提高的因素是什么?

答:一般来说,构成交-交变频电路的两组变流电路的脉波数越多,最高输出频率就越高。当交-交变频电路中采用常用的 6 脉波三相桥式整流电路时,最高输出频率不应高于电网频率的 1/3 ~ 1/2。当电网频率为 50 Hz 时,交-交变频电路输出的上限频率为 20 Hz 左右。

当输出频率增高时,输出电压 1 周期所包含的电网电压段数减少,波形畸变严重。电压波形畸变和由此引起的电流波形畸变以及电动机的转矩脉动是限制输出频率提高的主要因素。

⑤交-交变频电路的主要特点和不足是什么?其主要用途是什么?

答:交-交变频电路的主要特点是:只用一次变流,效率较高;可方便实现四象限工作,低频输出时的特性接近正弦波。

交-交变频电路的主要不足是:接线复杂,如采用三相桥式电路的三相交-交变频器至少要用 36 只晶闸管;受电网频率和变流电路脉波数的限制,输出频率较低;输出功率因数较低;输入电流谐波含量大,频谱复杂。

主要用途:500 kW 或 1 000 kW 以下的大功率、低转速的交流调速电路,如轧机主传动装置、鼓风机、球磨机等场合。

⑥三相交-交变频电路有哪两种接线方式?它们有什么区别?

答:三相交-交变频电路有公共交流母线进线方式和输出星形连接方式两种接线方式。

两种方式的主要区别在于:公共交流母线进线方式中,因为电源进线端公用,所以 3 组单相交-交变频电路输出端必须隔离。为此,交流电动机 3 个绕组必须拆开,共引出 6 根线。而在输出星形连接方式中,因为电动机中性点和变频器中性点在一起,电动机只需引 3 根线即可,但是因其 3 组单相交-交变频器的输出连在一起,其电源进线必须隔离,因此 3 组单相交-交变频器要分别用 3 个变压器供电。

⑦在三相交-交变频电路中,采用梯形波输出控制的好处是什么?为什么?

答:在三相交-交变频电路中采用梯形波控制的好处是可改善输入功率因数。因为梯形波的主要谐波成分是三次谐波,在线电压中,三次谐波相互抵消,结果线电压仍为正弦波。在这种控制方式中,因为桥式电路能够较长时间工作在高输出电压区域(对应梯形波的平顶区),α 角较小,因此输入功率因数可提高 15% 左右。

⑧试述矩阵式变频电路的基本原理和优缺点。为什么说这种电路有较好的发展前景?

答:矩阵式变频电路的基本原理是:对输入的单相或三相交流电压进行斩波控制,使输出成为正弦交流输出。

矩阵式变频电路的主要优点是:输出电压为正弦波;输出频率不受电网频率的限制;输入

电流也可控制为正弦波且和电压同相;功率因数为1,也可控制为需要的功率因数;能量可双向流动,适用于交流电动机的四象限运行;不通过中间直流环节而直接实现变频,效率较高。

矩阵式交-交变频电路的主要缺点是:所用的开关器件为18个,电路结构较复杂,成本较高,控制方法还不算成熟;输出输入最大电压比只有0.866,用于交流电机调速时输出电压偏低。

这所以矩阵式变频电路有较好的发展前景是因为矩阵式变频电路有良好的电气性能,使输出电压和输入电流均为正弦波,输入功率因数为1,且能量双向流动,可实现四象限运行;其次,与目前广泛应用的交-直交变频电路相比,虽然多用了6个开关器件,却省去直流侧大电容,使体积减小,且容易实现集成化和功率模块化。随着当前器件制造技术的飞速进步和计算机技术的日新月异,矩阵式变频电路将有很好的发展前景。

第 **7** 章

PWM 控制技术

【学习指导】

（1）**学习要点**

①掌握 PWM 控制的基本原理及 PWM 波形的 3 种生成方法,即计算法、调制法和跟踪控制法。

②掌握 SPWM 逆变电路的控制方法,即调制法的应用。

③了解异步调制、同步调制的控制方法及优缺点。

④了解 SPWM 波形中的谐波分析、跟踪型 PWM 逆变电路的控制原理及控制方法,以及 PWM 整流电路的结构和控制方法。

（2）**学习重点与难点**

①重点:PWM 控制的基本原理及 SPWM 逆变电路的控制方法。

②难点:SPWM 逆变电路的控制方法。

（3）**内容的归纳与总结**

1）PWM 控制的基本原理

冲量相等而形状不同的窄脉冲加在具有惯性的环节上时,其效果基本相同。冲量即指窄脉冲的面积。效果基本相同,是指环节的输出响应波形基本相同。

2）PWM 逆变电路及其控制方法

①计算法和调制法

根据逆变电路的正弦波输出频率、幅值和半个周期内的脉冲数,将 PWM 波形中各脉冲的宽度和间隔准确计算出来,按照计算结果控制逆变电路中各开关器件的通断,就可得到所需要的 PWM 波形,这种方法称为计算法。

把希望输出的波形作为调制信号,把接受调制的信号作为载波,通过信号波的调制得到所期望的 PWM 波形。通常采用等腰三角波或锯齿波作为载波,其中等腰三角波应用最多。

A. 单极性 PWM 控制方式

在如图 2.7.1 所示的单相桥式 PWM 逆变电路中,在 u_r 的正半周,V_1 保持通态,V_2 保持断态。当 $u_r > u_c$ 时,使 V_4 导通,V_3 关断,$u_o = U_d$。$u_r < u_c$ 时,使 V_4 关断,V_3 导通,$u_o = 0$。在 u_r 的负半周,V_1 保持断态,V_2 保持通态。当 $u_r < u_c$ 时,使 V_3 导通,V_4 关断,$u_o = -U_d$。当 $u_r > u_c$

时,使 V_3 关断,V_4 导通,$u_o = 0$。

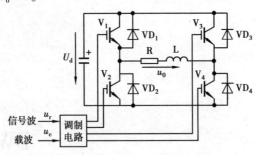

图 2.7.1　单相桥式 PWM 逆变电路

B. 双极性 PWM 控制方式

在如图 2.7.1 所示的单相桥式 PWM 逆变电路中,在 u_r 的正负半周,对各开关器件的控制规律相同。当 $u_r > u_c$ 时,V_1 和 V_4 导通,V_2 和 V_3 关断。这时若 $i_o > 0$,则 V_1 和 V_4 通;若 $i_o < 0$,则 VD_1 和 VD_4 通,不管哪种情况都是 $u_o = U_d$。

当 $u_r < u_c$ 时,V_2 和 V_3 导通,V_1 和 V_4 关断。这时,若 $i_o < 0$,则 V_2 和 V_3 通;若 $i_o > 0$,则 VD_2 和 VD_3 通,不管哪种情况都是 $u_o = -U_d$。

②异步调制和同步调制

载波频率 f_c 与调制信号频率 f_r 之比 $N = f_c/f_r$,称为载波比,根据载波和信号波是否同步及载波比的变化情况,PWM 调制方式可分为异步调制和同步调制两种。载波信号和调制信号不保持同步的调制方式,称为异步调制。载波比 N 等于常数,并在变频时使载波和信号波保持同步的方式,称为同步调制。

③规则采样法

正弦波和三角波的自然交点时刻控制功率开关器件的通断,这种生成 SPWM 波形的方法,称为自然采样法。规则采样法是一种应用较广的工程实用方法,其效果接近自然采样法,但计算量却比自然采样法小得多。

④PWM 逆变电路的谐波分析

载波对正弦信号波调制,会产生和载波有关的谐波分量,这些谐波分量的频率和幅值是衡量 PWM 逆变电路性能的重要指标之一。了解双极性 SPWM 波形的谐波分析。

⑤提高直流电压利用率和减少开关次数

直流电压利用率是指逆变电路所能输出的交流电压基波最大幅值和直流电压之比。提高直流电压利用率可提高逆变器的输出能力。减少功率器件的开关次数可降低开关损耗。因此,提高直流电压利用率、减少开关次数在 PWM 型逆变电路中是很重要的。了解梯形波调制、线电压控制和空间矢量 SVPWM 控制如何提高直流电压利用率和减少开关次数。

⑥PWM 逆变电路的多重化

多重化是提高电力电子性能的有效方式,与晶闸管整流电路相似,PWM 逆变电路的多重化也是将多个相同电路串联或并联在一起,通过载波移相方式实现。多重化的目的是为了提高等效开关频率,减少开关损耗,减少和载波有关的谐波分量。

3)PWM 跟踪控制技术

PWM 跟踪控制方法是根据期望输出波形及实际输出波形的瞬时值比较来决定开关器件

的通断的控制方法。主要有滞环比较方式、三角波比较方式和定时比较方式等。了解这 3 种方法的控制原理。

4）PWM 整流电路及其控制方法

把逆变电路中的 SPWM 控制技术用于整流电路，就形成了 PWM 整流电路。通过对 PWM 整流电路的适当控制，可使其输入电流非常接近正弦波，且和输入电压同相位，功率因数近似为 1。

【习题解析】

①试说明 PWM 控制的基本原理。

答：PWM 控制就是对脉冲的宽度进行调制的技术，即通过对一系列脉冲的宽度进行调制来等效地获得所需要的波形（含形状和幅值）。

在采样控制理论中有一条重要的结论：冲量相等而形状不同的窄脉冲加在具有惯性的环节上时，其效果基本相同。冲量即窄脉冲的面积。效果基本相同是指环节的输出响应波形基本相同。上述原理称为面积等效原理。面积等效原理是 PWM 控制技术的重要理论。

以正弦 PWM 控制为例，如图 2.7.2 所示。把正弦半波分成 N 等份，就可把其看成 N 个彼此相连的脉冲列所组成的波形。这些脉冲宽度相等，都等于 π/N，但幅值不等且脉冲顶部不是水平直线而是曲线，各脉冲幅值按正弦规律变化。如果把上述脉冲列利用相同数量的等幅而不等宽的矩形脉冲代替，使矩形脉冲的中点和相应正弦波部分的中点重合，且使矩形脉冲和相应的正弦波部分面积（冲量）相等，就得到 PWM 波形。各 PWM 脉冲的幅值相等，而宽度是按正弦规律变化的。根据面积等效原理，PWM 波形和正弦半波是等效的。对于正弦波的负半周，也可用同样的方法得到 PWM 波形。可知，所得到的 PWM 波形和期望得到的正弦波等效。

图 2.7.2　正弦 PWM 控制

②设图 2.7.3 中半周期的脉冲数是 5，脉冲幅值是相应正弦波幅值的两倍，试按面积等效原理计算脉冲宽度。

解：将各脉冲的宽度用 $i_i(i=1,2,3,4,5)$ 表示，根据面积等效原理，可得

$$i_1 = \frac{\int_0^{\frac{\pi}{5}} U_{\mathrm{m}} \sin \omega t \, \mathrm{d}\,\omega t}{2U_{\mathrm{m}}} = -\frac{\cos \omega t}{2}\bigg|_0^{\frac{\pi}{5}} = 0.095\,49 \text{ rad} = 0.304\,0 \text{ ms}$$

$$i_2 = \frac{\int_{\frac{\pi}{5}}^{\frac{2\pi}{5}} U_{\mathrm{m}} \sin \omega t \, \mathrm{d}\,\omega t}{2U_{\mathrm{m}}} = -\frac{\cos \omega t}{2}\bigg|_{\frac{\pi}{5}}^{\frac{2\pi}{5}} = 0.250\,0 \text{ rad} = 0.795\,8 \text{ ms}$$

$$i_3 = \frac{\int_{\frac{2\pi}{5}}^{\frac{3\pi}{5}} U_{\mathrm{m}} \sin \omega t \, \mathrm{d}\,\omega t}{2U_{\mathrm{m}}} = -\frac{\cos \omega t}{2}\bigg|_{\frac{2\pi}{5}}^{\frac{3\pi}{5}} = 0.309\,0 \text{ rad} = 0.983\,6 \text{ ms}$$

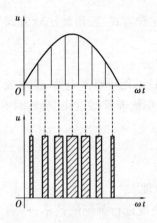

图 2.7.3　用 PWM 波代替正弦半波

$$i_4 = \frac{\int_{\frac{3}{5}\pi}^{\frac{4}{5}\pi} U_m \sin \omega t \, \mathrm{d} \omega t}{2U_m} = -\left.\frac{\cos \omega t}{2}\right|_{\frac{3}{5}\pi}^{\frac{4}{5}\pi} = 0.250\ 0\ \text{rad} = 0.795\ 8\ \text{ms}$$

$$i_5 = \frac{\int_{\frac{4}{5}\pi}^{\pi} U_m \sin \omega t \, \mathrm{d} \omega t}{2U_m} = -\left.\frac{\cos \omega t}{2}\right|_{\frac{4}{5}\pi}^{\pi} = 0.095\ 5\ \text{rad} = 0.304\ 0\ \text{ms}$$

③单极性和双极性 PWM 调制有什么区别？三相桥式 PWM 型逆变电路中，输出相电压（输出端相对于直流电源中点的电压）和线电压 SPWM 波形各有哪几种电平？

答：三角波载波在信号波正半周期或负半周期里只有单一的极性，所得的 PWM 波形在半个周期中也只在单极性范围内变化，称为单极性 PWM 控制方式；三角波载波始终是有正有负为双极性的，所得的 PWM 波形在半个周期中有正、有负，则称为双极性 PWM 控制方式。

三相桥式 PWM 型逆变电路中，输出相电压有两种电平：$0.5U_d$ 和 $-0.5U_d$。输出线电压有 3 种电平 U_d、0、$-U_d$。

④特定谐波消去法的基本原理是什么？设半个信号波周期内有 10 个开关时刻（不含 0 和 π 时刻）可以控制，可以消去的谐波有哪几种？

答：首先尽量使波形具有对称性，为消去偶次谐波，应使波形正负两个半周期对称；为消去谐波中的余弦项，应使波形在正半周期前后 1/4 周期以 $\dfrac{\pi}{2}$ 为轴线对称。

考虑到上述对称性，半周期内有 5 个开关时刻可以控制。利用其中的 1 个自由度控制基波的大小，剩余的 4 个自由度可用于消除 4 种频率的谐波。

⑤什么是异步调制？什么是同步调制？两者各有何特点？分段同步调制有什么优点？

答：载波信号和调制信号不保持同步的调制方式，称为异步调制。在异步调制方式中，通常保持载波频率 f_c 固定不变，因而当信号波频率 f_r 变化时，载波比 N 是变化的。

载波比 N 等于常数，并在变频时使载波和信号波保持同步的方式，称为同步调制。

异步调制的主要特点是：在信号波的半个周期内，PWM 波的脉冲个数不固定，相位也不固定，正负半周期的脉冲不对称，半周期内前后 1/4 周期的脉冲也不对称。这样，当信号波频率较低时，载波比 N 较大，一周期内的脉冲数较多，正负半周期脉冲不对称和半周期内前后 1/4 周期脉冲不对称产生的不利影响都较小，PWM 波形接近正弦波。

而当信号波频率增高时,载波比 N 减小,一周期内的脉冲数减少,PWM 脉冲不对称的影响就变大,有时信号波的微小变化还会产生 PWM 脉冲的跳动,这就使得输出 PWM 波和正弦波的差异变大。对于三相 PWM 型逆变电路来说,三相输出的对称性也变差。

同步调制的主要特点是:在同步调制方式中,信号波频率变化时载波比 N 不变,信号波一个周期内输出的脉冲数是固定的,脉冲相位也是固定的。当逆变电路输出频率很低时,同步调制时的载波频率 f_c 也很低,f_c 过低时由调制带来的谐波不易滤除。当负载为电动机时也会带来较大的转矩脉动和噪声。当逆变电路输出频率很高时,同步调制时的载波频率 f_c 会过高,使开关器件难以承受。此外,同步调制方式比异步调制方式复杂一些。

分段同步调制是把逆变电路的输出频率划分为若干段,每个频段的载波比一定,不同频段采用不同的载波比。其优点主要是:在高频段采用较低的载波比,使载波频率不致过高,可限制在功率器件允许的范围内。而在低频段采用较高的载波比,以使载波频率不致过低而对负载产生不利影响。

⑥什么是 SPWM 波形的规则化采样法? 与自然采样法相比,规则采样法有什么优点?

答:规则采样法是按照固定的时间间隔对调制波的大小进行采样,并认为两次采样之间调制波大小不变,由此计算出对应的脉冲宽度,确定开关时刻的方法。其效果接近自然采样法,但计算量比自然采样法小很多,因此应用广泛。

规则采样法的基本思路是:取三角波载波两个正峰值之间为一个采样周期。使每个 PWM 脉冲的中点和三角波一周期的中点(即负峰点)重合,在三角波的负峰时刻对正弦信号波采样而得到正弦波的值,用幅值与该正弦波值相等的一条水平直线近似代替正弦信号波,用该直线与三角波载波的交点代替正弦波与载波的交点,即可得出控制功率开关器件通断的时刻。

比起自然采样法,规则采样法的计算非常简单,计算量大大减少,而效果接近自然采样法,得到的 SPWM 波形仍然很接近正弦波,克服了自然采样法难以在实时控制中在线计算,在工程中实际应用不多的缺点。

⑦单相和三相 SPWM 波形中,所含主要谐波频率为多少?

答:单相 SPWM 波形中所含的谐波频率为

$$n\omega_c \pm k\omega_r$$

式中

$$n = 1,3,5,\cdots \text{时},k = 0,2,4,\cdots$$
$$n = 2,4,6,\cdots \text{时},k = 1,3,5,\cdots$$

在上述谐波中,幅值最高、影响最大的是角频率为 ω_c 的谐波分量。

三相 SPWM 波形中所含的谐波频率为

$$n\omega_c \pm k\omega_r$$

式中

$$n = 1,3,5,\cdots \text{时},k = 3(2m - 1) \pm 1,m = 1,2,\cdots$$
$$n = 2,4,6,\cdots \text{时},k = \begin{cases} 6m + 1 & m = 0,1,\cdots \\ 6m - 1 & m = 1,2,\cdots \end{cases}$$

在上述谐波中,幅值较高的是 $\omega_c \pm 2\omega_r$ 和 $2\omega_c \pm \omega_r$。

⑧如何提高 PWM 逆变电路的直流电压利用率?

答:采用梯形波控制方式,即用梯形波作为调制信号,可有效地提高直流电压的利用率。

对于三相 PWM 逆变电路，还可采用线电压控制方式，即在相电压调制信号中叠加 3 的倍数次谐波及直流分量等。同样，可有效地提高直流电压利用率。

⑨什么是电流跟踪型 PWM 变流电路？采用滞环比较方式的电流跟踪型变流器有何特点？

答：电流跟踪型 PWM 变流电路就是对变流电路采用电流跟踪控制。也就是，不用信号波对载波进行调制，而是把希望输出的电流作为指令信号，把实际电流作为反馈信号，通过两者的瞬时值比较来决定逆变电路各功率器件的通断，使实际的输出跟踪电流的变化。

采用滞环比较方式的电流跟踪型变流器的特点如下：

a. 硬件电路简单。

b. 属于实时控制方式，电流响应快。

c. 不用载波，输出电压波形中不含特定频率的谐波分量。

d. 与计算法和调制法相比，相同开关频率时输出电流中高次谐波含量较多。

e. 采用闭环控制。

⑩什么是 PWM 整流电路？它与相控整流电路的工作原理和性能有何不同？

答：PWM 整流电路就是采用 PWM 控制的整流电路，通过对 PWM 整流电路的适当控制，可使其输入电流十分接近正弦波且和输入电压同相位，功率因数接近 1。

相控整流电路是对晶闸管的开通起始角进行控制，属于相控方式。其交流输入电流中含有较大的谐波分量，且交流输入电流相位滞后于电压，总的功率因数低。而 PWM 整流电路采用 SPWM 控制技术，为斩控方式。其基本工作方式为整流，此时输入电流可与电压同相位，功率因数近似为 1。

相比相控方式，PWM 整流电路可实现能量正反两个方向的流动，即既可运行在整流状态，从交流侧向直流侧输送能量，也可运行在逆变状态，从直流侧向交流侧输送能量。同时，这两种方式都可在单位功率因数下运行。

此外，还可使交流电流超前电压 90°，交流电源送出无功功率，成为静止无功功率发生器，或使电流比电压超前或滞后任一角度。

⑪在 PWM 整流电路中，什么是间接电流控制？什么是直接电流控制？为什么后者目前应用较多？

答：在 PWM 整流电路中，间接电流控制是按照电源电压、电源阻抗电压及 PWM 整流器输入端电压的相量关系来进行控制，使输入电流获得预期的幅值和相位，由于不需要引入交流电流反馈，故称为间接电流控制。

直接电流控制中，首先求得交流输入电流指令值，再引入交流电流反馈，经过比较进行跟踪控制，使输入电流跟踪指令值变化。因为引入了交流电流反馈而称为直接电流控制。

采用滞环电流比较的直接电流控制系统结构简单，电流响应速度快，控制运算中未使用电路参数，系统鲁棒性好，因而获得较多的应用。

第 **8** 章

软开关技术

【学习指导】

（1）**学习要点**

①掌握软开关的基本概念、分类。

②了解4种典型的软开关电路的电路结构及工作原理。

（2）**学习重点与难点**

①重点：软开关的基本概念、分类。

②难点：零电压开关准谐振电路、零电压开关PWM电路和零电压转换PWM电路3类软开关电路的分析。

（3）**内容的归纳与总结**

软开关技术通过在电路中引入谐振改善了开关的开关条件，大大解决了硬开关电路存在的开关损耗和开关噪声问题。

1）软开关的基本概念

①硬开关与软开关

硬开关有显著的开关损耗和开关噪声，且开关损耗与开关频率之间呈线性关系。

软开关在开关过程前后引入谐振，使开关开通前电压先降到零，关断前电流先降到零，消除了开关过程中电压、电流的重叠，从而大大减小甚至消除开关损耗。同时，谐振过程限制了开关过程中电压和电流的变化率，这也使得开关噪声显著减小。

②软开关的分类

总的来说，软开关技术可分为零电压和零电流两类。按照其出现的先后，可将其分为准谐振、零开关PWM和零转换PWM 3大类；每一类都包含了基本拓扑和众多的派生拓扑。

2）典型的软开关电路

零电压开关准谐振电路、零电压开关PWM电路和零电压转换PWM电路分别是3类软开关电路的代表；谐振直流环电路是软开关技术在逆变电路中的典型应用，是一种适用于变频器的一种软开关电路。应注意比较、分析这4种软开关电路的工作过程及应用范围。

【习题解析】

①高频化的意义是什么？为什么提高开关频率可减小滤波器的体积和质量？为什么提高开关频率可减小变压器的体积和质量？

答：高频化可减小滤波器的参数，并使变压器小型化，从而有效地降低装置的体积和质量。使装置小型化，轻量化是高频化的意义所在。提高开关频率，周期变短，可使滤除开关频率中谐波的电感和电容的参数变小，从而减轻了滤波器的体积和质量；对于变压器来说，当输入电压为正弦波时，$U = 4.44fNBS$，当频率 f 提高时，可减小 N、S 参数值，从而减小了变压器的体积和质量。

②软开关电路可分为哪几类？其典型拓扑分别是什么样的？各有什么特点？

答：根据电路中主要的开关元件开通及关断时的电压电流状态，可将软开关电路分为零电压电路和零电流电路两大类；根据软开关技术发展的历程，可将软开关电路分为准谐振电路、零开关 PWM 电路和零转换 PWM 电路。

准谐振电路：准谐振电路中电压或电流的波形为正弦波，电路结构比较简单，但谐振电压或谐振电流很大，对器件要求高，只能采用脉冲频率调制控制方式。

(a)零电压开关准谐振电路的基本开关单元　(b)零电流开关准谐振电路的基本开关单元

图 2.8.1　准谐振电路

零开关 PWM 电路：这类电路中引入辅助开关来控制谐振的开始时刻，使谐振仅发生于开关过程前后，此电路的电压和电流基本上是方波，开关承受的电压明显降低，电路可采用开关频率固定的 PWM 控制方式。

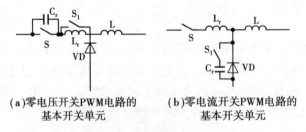

(a)零电压开关PWM电路的　　　(b)零电流开关PWM电路的
　　基本开关单元　　　　　　　　　基本开关单元

图 2.8.2　零开关 PWM 电路

零转换 PWM 电路：这类软开关电路还是采用辅助开关控制谐振的开始时刻，所不同的是，其谐振电路是与主开关并联的，输入电压和负载电流对电路的谐振过程影响很小，电路在很宽的输入电压范围内，并从零负载到满负载都能工作在软开关状态，无功功率的交换被消减到最小。

③在移相全桥零电压开关 PWM 电路中，如果没有谐振电感 L_r，电路的工作状态将发生哪些变化？哪些开关仍是软开关？哪些开关将成为硬开关？

答：如果没有谐振电感 L_r，电路中的电容 C_{S1}、C_{S2} 与电感 L 仍可构成谐振电路，而电容 C_{S3}、

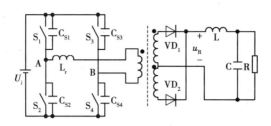

图 2.8.3　移相全桥零电压开关 PWM 电路

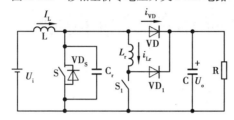

图 2.8.4　零电压转换 PWM 电路

C_{S4} 将无法与 L_r 构成谐振回路,这样,S_3、S_4 将变为硬开关,S_1、S_2 仍为软开关。

④在零电压转换 PWM 电路中,辅助开关 S_1 和二极管 VD_1 是软开关还是硬开关? 为什么?

答:在 S_1 开通时,u_{s1} 不等于零;在 S_1 关断时,其上电流也不为零,故 S_1 为硬开关。由于电感 L_r 的存在,S_1 开通时的电流上升率受到限制,降低了 S_1 的开通损耗。由于电感 L 的存在,使 VD_1 的电流逐步下降到零,自然关断,故 VD_1 为软开关。

第**9**章
电力电子器件应用的共性问题

【学习指导】

(1)**学习要点**

①了解驱动电路中电力电子主电路和控制电路进行隔离的原因、实现的基本方法和原理。

②掌握晶闸管、GTO、GTR、电力 MOSFET 和 IGBT 各种驱动电路的原理及区别。

③掌握电力电子器件过电压、过电流保护的主要方法及原理。

④了解电力电子器件缓冲电路的概念、分类、典型电路及基本原理。

⑤了解电力电子器件串并联使用的目的、要求及注意事项。

(2)**学习重点与难点**

①重点：晶闸管、GTO、GTR、电力 MOSFET 和 IGBT 各种驱动电路的原理及区别；电力电子器件过电压、过电流保护的主要方法及原理。

②难点：缓冲电路的典型电路分析。

(3)**内容的归纳与总结**

1)电力电子器件的驱动

①驱动电路

驱动电路按控制目标的要求给器件施加开通或关断的信号，是电力电子主电路与控制电路之间的接口。驱动电路还要提供控制电路与主电路之间的电气隔离环节，一般采用光隔离或磁隔离。驱动电路一般包含输入信号调理放大、功率放大、隔离、检测与保护等部分。

②晶闸管的触发电路

产生符合要求的门极触发脉冲，保证晶闸管在需要的时刻由阻断转为导通。晶闸管触发电路往往还包括对其触发时刻进行控制的相位控制电路。

③典型全控型器件的驱动电路

GTO 和 GTR 是电流驱动型器件，电力 MOSFET 和 IGBT 是电压驱动型器件。

GTO 开通控制与普通晶闸管相似，但对触发脉冲前沿的幅值和陡度要求高，且一般需在整个导通期间施加正门极电流，使 GTO 关断需施加负门极电流，对其幅值和陡度的要求更高。GTO 一般用于大容量电路的场合，其驱动电路通常包括开通驱动电路、关断驱动电路和门极反偏电路 3 部分。GTR 开通的基极驱动电流应使其处于准饱和导通状态，使之不进入放大区和深饱和区。关断时,施加一定的负基极电流有利于减小关断时间和关断损耗,关断后同样应在基射极之间施加一定幅值(6 V左右)的负偏压。

使电力 MOSFET 开通的栅源极间驱动电压一般取 10～15 V,使 IGBT 开通的栅射极间驱动电压一般取 15～20 V。关断时,施加一定幅值的负驱动电压(一般取 -5～-15 V),有利于减小关断时间和关断损耗。专为驱动电力 MOSFET 而设计的混合集成电路有三菱公司的M57918L,其输入信号电流幅值为 16 mA,输出最大脉冲电流为 +2 A 和 -3 A,输出驱动电压+15 V 和 -10 V。IGBT 多采用专用的混合集成驱动器,常用的有三菱公司的 M579 系列(如M57962L 和 M57959L)和富士公司的 EXB 系列(如 EXB840、EXB841、EXB850 和 EXB851)。

2)电力电子器件的保护

①过电压的产生及过电压保护

过电压分为外因过电压和内因过电压两类。外因过电压主要来自雷击和系统中的操作过程等外部原因,包括由分闸、合闸等开关操作引起的操作过电压和由雷击引起的雷击过电压两类。内因过电压主要来自电力电子装置内部器件的开关过程。

过电压抑制措施:避雷器、变压器静电屏蔽层、抑制电容、RC 电路、压敏电阻和 RCD 电路。

②过电流保护

过电流分过载和短路两种情况。过电流保护措施:电子电路、快速熔断器、直流快速断路器和过电流继电器。

③缓冲电路

缓冲电路(Snubber Circuit)又称吸收电路,其作用是抑制电力电子器件的内因过电压、du/dt 或者过电流和 di/dt,减小器件的开关损耗。

3)电力电子器件的串联使用和并联使用

①晶闸管的串联

当晶闸管的额定电压小于实际要求时,可用两个以上同型号器件相串联。需考虑静态不均压问题(并电阻)和动态不均压问题。

②晶闸管的并联

大功率晶闸管装置中,常用多个器件并联来承担较大的电流。需考虑静态不均流问题(串电阻)和动态不均流问题。

③电力 MOSFET 的并联和 IGBT 的并联

电力 MOSFET 和 IGBT 都具有电流自动均衡能力,容易并联。

【习题解析】

①电力电子器件的驱动电路对整个电力电子装置有哪些影响?

答:电力电子器件的驱动电路是电力电子主电路与控制电路之间的接口,是电力电子装置的重要环节,对整个装置的性能有很大的影响。采用性能良好的驱动电路可使电力电子器件工作在比较理想的开关状态,可缩短开关时间,减小开关损耗,对装置的运行效率、可靠性和安全性都有着重要意义。另外,对电力电子器件或整个装置的一些保护措施也往往设在驱动电路中,或者通过驱动电路来实现,这就使得驱动电路的设计更为重要。

②为什么要对电力电子主电路和控制电路进行电气隔离?其基本方法有哪些?各自的基本原理是什么?

答:电力电子主电路和控制电路之间必须进行电路隔离。其原因如下:

a. 为了安全,因为主回路和控制回路工作电压等级不一样,电流大小也不一样,各有各的过流保护系统。强电进入弱电系统会对弱电系统造成损坏,甚至是人身财产的损害,故必须进行电气隔离。

b. 为了弱电系统的工作稳定性,因为电力电子器件会产生大量的谐波和电磁辐射,而弱电系统尤其是模拟量信号很容易受到电磁干扰,因此需要电气隔离。

电气隔离的基本方法有两种,即磁隔离和光隔离。各自的基本原理如下:磁隔离的元件通常是脉冲变压器。电磁隔离(脉冲变压器隔离)是指利用电磁感应原理,把需要传输的变化信号加在变压器的初级线圈,该信号在初级线圈中产生变化的磁场,变化的磁场使次级线圈的磁通量发生变化,从而在次级感应出与初级线圈激励信号相关的变化信号输出,在整个信号的传输过程中,初级与次级之间没有发生电连接,从而达到隔离初次级的目的。

光隔离一般采用光耦合器。光耦合器由发光二极管和光敏晶体管组成,封装在一个外壳内。在光耦合器输入端加电信号使发光源发光,光的强度取决于激励电流的大小,此光照射到封装在一起的受光器上后,因光电效应而产生了光电流,由受光器输出端引出,这样就实现了电-光-电的转换。因光耦合器中的输入和输出之间是以光的形式相互联系的,在电气上没有直接相连,从而达到了在电气上的隔离作用。

③对晶闸管触发电路有哪些要求? IGBT、GTR、GTO 和电力 MOSFET 的驱动电路各有什么特点?

答:晶闸管触发电路应满足下列要求:

a. 触发脉冲的宽度应保证晶闸管可靠导通,如对感性和反电动势负载的变流器应采用宽脉冲或脉冲列触发。

b. 触发脉冲应有足够的幅度,对户外寒冷场合,脉冲电流的幅度应增大为器件最大触发电流的 $3 \sim 5$ 倍,脉冲前沿的陡度也需增加,一般需达 $1 \sim 2$ A/μs。

c. 触发脉冲应不超过晶闸管门极的电压、电流和功率定额,且在门极伏安特性的可靠触发区域之内。

d. 应有良好的抗干扰性能、温度稳定性及与主电路的电气隔离。

IGBT 驱动电路的特点是:驱动电路具有较小的输出电阻,IGBT 是电压驱动型器件,IGBT 的驱动多采用专用的混合集成驱动器。

GTR 驱动电路的特点是:驱动电路提供的驱动电流有足够陡的前沿,并有一定的过冲,这样可加速开通过程,减小开通损耗;关断时,驱动电路能提供幅值足够大的反向基极驱动电流,并加反偏截止电压,以加速关断速度。

GTO 驱动电路的特点是:GTO 要求其驱动电路提供的驱动电流的前沿应有足够的幅值和陡度,且一般需要在整个导通期间施加正门极电流,关断需施加负门极电流,幅值和陡度要求更高,其驱动电路通常包括开通驱动电路、关断驱动电路和门极反偏电路 3 个部分。

电力 MOSFET 驱动电路的特点是:要求驱动电路具有较小的输出电阻,驱动功率小,并且电路简单。

④电力电子器件过电压的产生原因有哪些?

答:过电压分为外因过电压和内因过电压两类。

外因过电压主要来自雷击和系统中的操作过程等外部原因,包括操作过电压和雷击过电压。操作过电压是由分闸、合闸等开关操作引起的过电压。雷击过电压是由雷击引起的过电压。

内因过电压主要来自电力电子装置内部器件的开关过程,包括换相过电压和关断过电压。换相过电压产生的原因是:晶闸管或与全控型器件反并联的二极管在换相结束后,反向电流急剧减小,会由线路电感在器件两端感应出过电压。关断过电压产生的原因是:全控型器件在较高频率下工作,当器件关断时,因正向电流的迅速降低而由线路电感在器件两端感应出的过电压。

⑤电力电子器件过电压和过电流保护各有哪些主要方法?

答:过电压保护方法有:避雷器;RCD 电路;RC 电路;电容 C;压敏电阻。过电流保护方法有:快速熔断器;直流快速断路器;过电流继电器;电子保护电路;交流断路器。

⑥电力电子缓冲电路是怎样分类的? 全控型器件的缓冲电路的主要作用是什么? 试分析 RCD 缓冲电路中各元件的作用。

答:缓冲电路又称吸收电路,可分为关断缓冲电路和开通缓冲电路。关断缓冲电路又称 du/dt 抑制电路,用于吸收器件的关断过电压和换相过电压,抑制 du/dt,减小关断损耗;开通缓冲电路又称 di/dt 抑制电路,用于抑制器件开通时的电流过冲和 di/dt,减小器件的开通损耗;关断缓冲电路和开通缓冲电路结合在一起,称为复合缓冲电路。

缓冲电路还可分为耗能式缓冲电路和馈能式缓冲电路。缓冲电路中储能元件的能量消耗在其吸收电阻上,称为耗能式缓冲电路;缓冲电路能将其储能元件的能量回馈给负载或电源,称为馈能式缓冲电路,也称无损吸收电路。

全控型器件的缓冲电路的主要作用是抑制电力电子器件的内因过电压、du/dt 或者过电流和 di/dt,减小器件的开关损耗。

RCD 缓冲电路(见图2.9.1)中,各元件的作用是:V 开通时,Cs 经 Rs 放电,Rs 起到限制放电电流的作用;V 关断时,负载电流经 VDs 从 Cs 分流,使 du/dt 减小,抑制过电压。

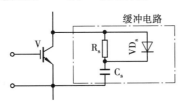

图 2.9.1　RCD 缓冲电路

⑦晶闸管串联使用时需要注意哪些事项? 电力 MOSFET 和 IGBT 各自并联使用时需要注意哪些问题?

答:晶闸管串联使用时,应注意避免静态不均压和动态不均压问题。静态不均压问题是由于器件静态特性不同而造成的不均压问题。为达到静态均压,首先应选用参数和特性尽量一致的器件,此外可采用电阻均压;动态不均压问题是由于器件动态参数和特性的差异造成的不均压问题。为达到动态均压,同样首先应选择动态参数和特性尽量一致的器件,另外还可用 RC 并联支路作动态均压;对于晶闸管来讲,采用门极强脉冲触发可显著减小器件开通时间上的差异。

电力 MOSFET 并联使用时,要注意选用通态电阻 R_{on}、开启电压 U_T、跨导 G_{fs} 和输入电容

C_{iss}尽量相近的器件并联；并联的电力 MOSFET 及其驱动电路的走线和布局应尽量做到对称，散热条件也要尽量一致；为了更好地动态均流，有时可在源极电路中串入小电感，起到均流电抗器的作用。

IGBT 并联使用时，在器件参数和特性选择、电路布局和走线、散热条件等方面也应尽量一致。

第 **10** 章

电力电子技术的典型应用

【学习指导】

(1)**学习要点**

①掌握晶闸管电动机系统分别在工作于整流状态和逆变状态时的机械特性,了解可逆运行系统中晶闸管整流器的结构和基本控制方法。

②了解交-直交变频调速系统的结构及交流电机变频调速的控制方式。

③了解不间断电源、开关电源的结构、原理及控制方式。

④了解功率因数校正、高压直流输电、无功补偿、谐波抑制等装置的结构及基本控制方法。

⑤了解电力电子装置在照明、焊接等领域的应用,了解电子镇流器、焊机电源等装置的结构及基本控制方法。

(2)**学习重点与难点**

①重点:晶闸管电动机系统分别在工作于整流状态和逆变状态时的机械特性。

②难点:电力电子技术在电力传动、各种交-直流电源、电力系统、焊接和照明等各方面的应用中,各类电力电子装置的结构、工作方式及基本控制方法。

(3)**内容的归纳与总结**

1)晶闸管直流电动机系统

①工作于整流状态

三相半波电流连续时的电动机机械特性为

$$n = \frac{1.17 U_2 \cos \alpha}{C_e \varphi} - \frac{R_\Sigma I_d + \Delta U}{C_e \varphi}$$

调节 α 就可改变电动机的运行转速。

整流电路为三相半波时,在最小负载电流为 $I_{d\,min}$ 时,为保证电流连续所需的主回路电感量(单位为 mH)为 $L = 1.46 \dfrac{U_2}{I_{d\,min}}$,$I_{d\,min}$ 一般取电动机额定电流的 $5\% \sim 10\%$。

②工作于有源逆变状态

电流连续时电动机的机械特性为

$$n = -\frac{1}{C_e'}(U_{d0} \cos \beta + I_d R_\Sigma)$$

其中

$$U_d = - U_{d0} \cos \beta$$

$$E_M = C'_e n$$

调节 β 就可改变电动机的运行转速。

③直流可逆电力拖动系统

两组变流器反并联组成直流可逆电力拖动系统。根据电动机所需的运转状态来决定哪一组变流器工作及其相应的工作状态:整流或逆变。

2)变频器和交流调速系统

交-直交变频器(Variable Voltage Variable Frequency,VVVF 电源)是由 AC/DC、DC/AC 两类基本的变流电路组合形成,又称间接交流-变流电路。其最主要的优点是输出频率不再受输入电源频率的制约。

在交流传动系统中,变频调速是性能最好的调速方式。在交流-变频调速系统中,根据电机绕组感应电压与电机磁通、频率的关系,在保持电机磁通不变的条件下,电机绕组的感应电压与频率成正比,而电机绕组的感应电压与电机电压近似相等。因此,当电机在低于额定转速时,电机电压需要与频率近似同比变化,即采用恒压频比控制方式,是最为简单和常用的控制方式。矢量控制、直接转矩控制等高性能控制方法在保证电机磁通不变的条件下可进一步提高系统的动态性能,但控制算法复杂。

3)不间断电源

不间断电源(Uninterruptible Power Supply,UPS)是当交流输入电源(习惯称为市电)发生异常或断电时,还能继续向负载供电,并能保证供电质量,使负载供电不受影响的装置。它由整流器、逆变器、电池及输出切换电路构成。

4)开关电源

开关电源中电力电子器件工作于高频开关方式,采用将交流电先整流滤波、后经高频逆变得到高频交流电压,然后由高频变压器降压,再整流滤波获得直流输出的直流电源。开关电源在效率、体积和质量等方面都远远优于线性电源,故已经基本取代了线性电源,成为电子设备供电的主要电源形式。

5)功率因数校正技术

功率因数校正 PFC(Power Factor Correction)技术即对电流脉冲的幅度进行抑制,使电流波形尽量接近正弦波的技术。它分为无源功率因数校正和有源功率因数校正两种。

无源功率因数校正技术通过在二极管整流电路中增加电感、电容等无源元件和二极管元件,对电路中的电流脉冲进行抑制,以降低电流谐波含量,提高功率因数。有源功率因数校正技术采用全控开关器件构成的开关电路对输入电流的波形进行控制,使之成为与电源电压同相的正弦波。注意分析单相功率因数校正电路和三相功率因数校正电路的基本原理。

6)电力电子技术在电力系统中的应用

①高压直流输电

高压直流输电原理为发电厂输出交流电,由变压器(换流变压器)将电压升高后送到晶闸管整流器,由晶闸管整流器将高压交流变为高压直流。直流输电线路输送到电能的接收端。在接收端电能又经过晶闸管逆变器由直流变回交流,再经变压器降压后配送到各个用户。

②无功功率控制

无功补偿装置主要有晶闸管控制电抗器(TCR)、晶闸管投切电容器(TSC)和静止无功发生器(SVG)。3 种装置均可对所接入系统的无功功率进行补偿。通过对无功功率的控制,可提高功率因数,稳定电网电压,改善供电质量。

③电力系统谐波抑制

抑制谐波有两条基本思路:一是装设补偿装置,设法补偿其产生的谐波;另一条就是对电力电子装置本身进行改进,使其不产生谐波,同时还不消耗无功功率,或者根据需要能对其功率因数进行控制,即采用高功率因数变流器。注意理解有源电力滤波器的基本原理。

④电能质量控制、柔性交流输电与定制电力技术

应用电力电子技术不仅可有效地控制无功功率从而保障系统电压的幅度,可补偿谐波从而保障供电电压的波形,而且可解决不对称、电压幅度暂低(voltage sag)和电压闪变(flicker)等各种稳态和暂态的电能质量问题,这被称为采用电力电子装置的电能质量控制技术。

将电力电子技术应用于输电系统中,可显著增强对系统的控制能力,大幅提高系统的输电能力,这就是所谓的柔性交流输电系统(Flexible AC Transmission System,FACTS)。

将电力电子技术应用于配电系统中,可有效地提高配电系统的电能质量和供电可靠性,从而保障按照用户所需供电,这就是所谓的"定制电力"或"用户电力(Custom Power)"。

7)电力电子技术的其他应用

①电子镇流器

电子镇流器的核心是高频变换电路。电子镇流器的主要优点是:能耗低,效率高,电感的功耗较大;发光效率高,荧光灯的发光效率(简称光效)和供电的频率有关,即随工作频率的增加而增加;具有高功率因数,因为在电子镇流器中,具有采用功率因数的校正电路;在电网电压波动的情况下,保持灯功率和光输出的恒定。

②焊机电源

目前,基于电力电子变换器采用间接直流变换结构的各种直流焊接电源,由于其优良的特性而得到了广泛的应用,这种焊接电源由于存在高频逆变环节,又常被称为逆变焊机电源。弧焊电源的工作原理是:工频市电电压首先经过射频干扰(RFI)滤波器滤波后被整流为直流,再经 DC/AC 逆变器变换为高频交流电,经变压器降压隔离后再经过整流和滤波得到平滑的直流电。

【习题解析】

①简述晶闸管直流调速系统工作于整流状态时的机械特性基本特点。

答:电流连续时的机械特性基本特点:

当主电路电感足够大时,负载电流连续,电动机的机械特性为

$$n = \frac{U_d}{C_e\varphi} - \frac{R_\Sigma I_d + \Delta U}{C_e\varphi}$$

式中　U_d——整流装置输出电压的平均值;

$$R_\Sigma = R_B + R_M + \frac{3 X_B}{2\pi}$$

式中　R_B——变压器的等效电阻;

R_M——电枢电阻；

$\dfrac{3X_B}{2\pi}$——重叠角引起的电压降所折合的电阻；

ΔU——晶闸管本身的管压降。

电流连续时,机械特性与由直流发电机供电时的机械特性相似,是一组平行的直线,其斜率由于内阻不一定相同而稍有差异。调节 α 角,即可调节电动机的转速,α 越大,转速越小;随着负载的增大,I_d 增大,转速下降。

电流断续时的机械特性基本特点如下：

当电动机的负载较轻时,对应的负载电流也小,在小电流情况下,特别在低速时,由于电感的储能减少,往往不足以维持电流连续,从而出现电流断续现象。由于整流电压是一个脉动的直流电压,当电动机的负载减小时,平波电抗器中的电感储能减少,致使电流断续,此时电动机的机械特性也就呈现出非线性。

当电流断续时,电动机的理想空载转速抬高,这是电流断续时电动机机械特性的第一个特点;第二个特点是在电流断续区内电动机的机械特性变软,即负载电流变化很小也可引起很大的转速变化;随着 α 的增加,进入断续区的电流值加大,这是电流断续时电动机机械特性的第三个特点。

②在以采用晶闸管为主控器件的直流可逆调速系统中,为实现可逆运行,控制上需采用配合控制方法。那么,什么是配合控制方案? 它的主要特点是什么?

答:使整流组与待逆变组之间始终保持 $\alpha \geqslant \beta$ 的关系,以消除直流平均环流的控制方法,称为配合控制方案。采用 $\alpha = \beta$ 配合控制较容易实现。对于 $\alpha = \beta$ 配合控制的有环流可逆系统,两组变流器之间没有直流环流,但两组变流器的输出瞬时值不等,会产生脉动环流。

③试阐明如图 2.10.1 所示交-直-交变频器电路的工作原理,并说明该电路有何局限性。

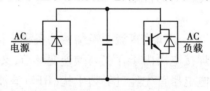

图 2.10.1　不能再生反馈电力的电压型间接交流变流电路

答:如图 2.10.1 所示的是不能再生反馈电力的电压型间接交流-变流电路。该电路先将交流电整流为直流电,再将直流电逆变为交流电。电路中,整流部分采用的是不可控整流,它和电容器之间的直流电压和直流电流极性不变,只能由电源向直流电路输送功率,而不能由直流电路向电源反馈电力,这是它的一个局限。图中逆变电路的能量是可以双向流动的,若负载能量反馈到中间直流电路,将导致电容电压升高,称为泵升电压。由于该能量无法反馈回交流电源,则电容只能承担少量的反馈能量,否则泵升电压过高会危及整个电路的安全,这是它的另一个局限。

④试分析图 2.10.2 交-直-交变频器电路的工作原理,并说明其局限性。

答:图 2.10.2 是带有泵升电压限制电路的电压型间接交流-变流电路,它是在图 2.10.1 的基础上,在中间直流电容两端并联一个由电力晶体管 V_0 和能耗电阻 R_0 组成的泵升电压限制电路。当泵升电压超过一定数值时,使 V_0 导通,把从负载反馈的能量消耗在 R_0 上。其局限性是当负载为交流电动机,并且要求电动机频繁快速加减速时,电路中消耗的能量较多,能耗

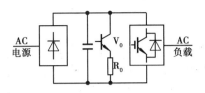

图2.10.2 带有泵升电压限制电路的电压型间接交流变流电路

电阻 R_0 也需要较大功率,反馈的能量都消耗在电阻上,不能得到利用。

⑤试说明图2.10.3交-直-交变频器电路是如何实现负载能量回馈的。

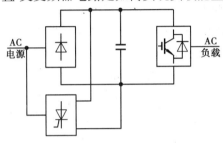

图2.10.3 利用可控交流器实现再生反馈的电压型间接交流变流电器

答:图2.10.3为利用可控变流器实现再生反馈的电压型间接交流-变流电路,它增加了一套变流电路,使其工作于有源逆变状态。当负载回馈能量时,中间直流电压上升,使不可控整流电路停止工作,可控变流器工作于有源逆变状态,中间直流电压极性不变,而电流反向,通过可控变流器将电能反馈回电网。

⑥何为双 PWM 电路？其优点是什么？

答:双 PWM 电路中,整流电路和逆变电路都采用 PWM 控制,可使电路的输入输出电流均为正弦波,输入功率因数高,中间直流电路的电压可调。当负载为电动机时,可工作在电动运行状态,也可工作在再生制动状态;通过改变输出交流电压的相序可使电动机正转或反转,因此,可实现电动机四象限运行。

⑦什么是变频调速系统的恒压频比控制？

答:即对变频器的电压和频率的比率进行控制,使该比率保持恒定,以维持电动机气隙磁通为额定值,使电动机不会因为频率变化而导致磁饱和和造成励磁电流增大,引起功率因数和效率的降低。

⑧何为 UPS？试说明图2.10.4所示 UPS 系统的工作原理。

答:UPS 是指当交流输入电源发生异常或断电时,还能继续向负载供电,并能保证供电质量,使负载供电不受影响的装置,即不间断电源。图2.10.4 为具有旁路开关的 UPS 系统,市电与逆变器提供的 CVCF(恒压恒频)电源由转换开关 S 切换,若逆变器发送故障,可由开关自动切换为市电旁路电源供电。只有市电和逆变器同时发生故障时,负载供电才会中断。还需注意的是,在市电旁路电源与 CVCF 电源之间切换时,必须保证两个电压的相位一致,通常采用锁相同步的方法。

⑨试解释为什么开关电源的效率高于线性电源。

答:线性电源功率器件工作在线性状态,也就是说工作起来功率器件就一直在工作,且功率器件工作在放大状态,因而发热量大,效率低(35% 左右)。开关电源的功率器件工作在开关状态(饱和状态或截止状态),因而发热量小,效率高(75% 以上)。

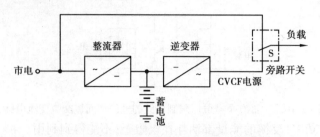

图 2.10.4　具有旁路开关的 UPS 系统

⑩提高开关电源的工作频率,会使哪些元件体积减小? 会使电路中什么损耗增加?

答:提高开关电源的工作频率,会使开关电源中的磁性元件(包括自感、互感、变压器等)的体积减小,但高频效应(包括集肤效应和邻近效应)使变压器线圈的铜损增加,同时频率的提高会使 MOS 管和整流二极管的开关损耗增加。

⑪什么是无源和有源功率因素校正? 有源功率因素校正有什么优点?

答:无源功率因数校正技术通过在二极管整流电路中增加电感、电容等无源元件和二极管元件,对电路中的电流脉冲进行抑制,以降低电流谐波含量,提高功率因数;有源功率因数校正技术采用全控开关器件构成的开关电路对输入电流的波形进行控制,使之成为与电源电压同相的正弦波。

有源功率因素校正的优点如下:

a. 不需要增加庞大的无源元件,故体积小,质量轻。

b. 总谐波含量可以降低至 5% 以下,而功率因素能高达 0.995,彻底解决整流电路的谐波污染和功率因素低的问题,从而能满足现行最严格的谐波标准。

c. 总谐波失真(THD)小,输入电压和频率范围宽,输出电压恒定。

⑫什么是单级功率因素校正? 它有什么特点?

答:单级 PFC 变换器拓扑是将功率因数校正电路中的开关元件与后级 DC-DC 变换器中的开关元件合并和复用,将两部分电路合而为一。

单级 PFC 电路的特点如下:

a. 单级 PFC 电路减少了主电路的开关器件数量,使主电路体积及成本降低。同时,控制电路通常只有一个输出电压控制闭环,简化了控制电路。

b. 单级 PFC 变换器减少了元件的数量,但是,单级 PFC 变换器元件的额定值都比较高,所以单级 PFC 变换器仅在小功率时整个装置的成本和体积才具有优势,对于大功率场合,两级 PFC 变换器比较适合。

c. 单级 PFC 变换器的输入电流畸变率明显高于两级变换器,特别是仅采用输出电压控制闭环的 Boost 型变换器。

⑬与高压交流输电相比,高压直流输电有哪些优势? 高压直流输电的系统结构是怎样的?

答:与高压交流输电相比,高压直流输电具有以下优势:更有利于进行远距离和大容量的电能传输或者海底和地下电缆运输;更有利于电网联络;更有利于系统控制。

高压直流输电的系统的结构及其各主要元件的作用如下:

a. 换流器。换流器由阀桥和带载抽头切换的整流变压器构成。阀桥为高压阀构成的 6 脉波或 12 脉波的整流器或逆变器。换流器的任务是完成交-直-交转换。

b. 滤波器。换流器在交流和直流两侧均产生谐波,会导致电容器和附近的电机过热,并且会干扰通信系统。因此,在交流侧和直流侧都装有滤波装置。

c. 平波电抗器。平波电抗器电感值很大,在直流输电中有着非常重要的作用。平波电抗器能降低直流线路中的谐波电压和电流;平波电抗器能限制直流线路短路期间的峰值电流;平波电抗器能防止逆变器换相失败;平波电抗器能防止负荷电流不连续。

d. 无功功率源。稳态条件下,换流器所消耗的无功功率是传输功率的 50% 左右;在故障情况下,无功功率消耗更大。因此,必须在换流器附近提高无功电源。

e. 直流输电线。直流输电线既可以是架空线,也可以是电缆。

f. 电极。大多数的直流联络线设计采用大地作为中性导线,与大地相连接的导体(即电极)需要有较大的表面积,以便使电流密度和表面电压梯度较小。

g. 交流断路器。为了排除变压器故障和使直流联络线停运,在交流侧装有断路器。

⑭试简述静止无功发生器(SVG)的基本原理。与基于晶闸管技术的 SVC 相比,SVG 有哪些更优越的性能?

答:简单说,SVG 的基本原理是利用可关断大功率电力电子器件(如 IGBT)组成自换相桥式电路,经过电抗器并联在电网上,适当地调节桥式电路交流侧输出电压的幅值和相位,或者直接控制其交流侧电流,就可使该电路吸收或者发出满足要求的无功电流,实现动态无功补偿的目的。

SVG 是 SVC 的升级版。主要表现在以下 5 个方面:

a. 传统的以 TCR 为代表的 SVC,由于其所能提供的最大电流分别是受其并联电抗器和并联电容器的阻抗特性限制的,因而随着电压的降低而减小,因此,SVG 的运行范围比传统 SVC 大。

b. SVG 的调节速度更快,而且在采取多重化或 PWM 技术等措施后,可大大减少补偿电流中谐波的含量。

c. SVG 使用的电抗器和电容元件远比 SVC 中使用的电抗器和电容小,这将大大缩小装置的体积和成本。

d. SVG 还可在必要时短时间内向电网提供一定量的有功功率。

e. SVG 的控制方法和控制系统要比传统 SVC 复杂。另外,SVG 要使用数量较多的较大容量自关断器件,其价格目前仍比 SVC 使用的普通晶闸管高得多。

⑮试简述并联型有源电力滤波器的基本原理。与传统的 LC 调谐滤波器相比,有源滤波器有哪些更优越的性能?

答:并联型有源电力滤波器的基本原理是:有源电力滤波器检测出负载电流 i_L 中的谐波电流 i_{Lh},根据检测结果产生与 i_{Lh} 大小相等而方向相反的补偿电流 i_C,从而使流入电网的电流 i_S 只含有基波分量 i_{Lf},如图 2.10.5 所示。

与 LC 无源滤波器相比,有源滤波器能对变化的谐波进行迅速的动态跟踪补偿,而且补偿特性不受电网频率和阻抗的影响。

⑯试分析列举用于电能质量控制、柔性交流输电和定制电力技术的典型电力电子装置。

答:用于电能质量控制的典型电力电子装置包括用来控制无功功率的静止无功功率补偿器(SVC)和静止无功发生器(SVG),用来补偿谐波的有源电力滤波器(APF),用来补偿电压暂低的动态电压恢复器(DVR),以及用来综合补偿多种电能质量问题的串联型电能质量控制器、并联型电能质量控制器和通用电能质量控制器(UPQC)等。

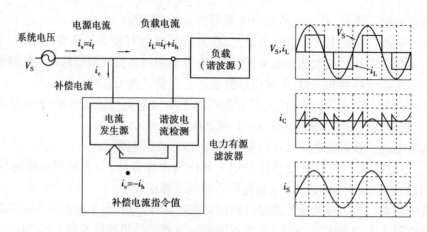

图 2.10.5 有源电力滤波器的基本原理和典型电流波形

用于柔性交流输电的典型电力电子装置包括静止无功功率补偿器(SVC)、静止无功发生器(SVG)、晶闸管投切串联电容器(TSSC)、晶闸管控制串联电容器(TCSC)和静止同步串联补偿器(SSSC)等可控串联补偿器,以及统一潮流控制器(UPFC)等。

用于定制电力技术的典型电力电子装置除包括静止无功功率补偿器(SVC)、静止无功发生器(SVG)、有源电力滤波器(APF)及动态电压恢复器(DVR)等电能质量控制装置以外,还包括由反并联的晶闸管构成的固态切换开关(SSTS)等。

⑰试简述电子镇流器的基本结构及其特点。

答:电子镇流器的核心是高频变换电路。其基本结构框图如图 2.10.6 所示。

图 2.10.6 电子镇流器的结构框图

工频市电电压在整流之前,首先经过射频干扰(RFI)滤波器滤波,然后再经过整流器将市电的交流电变换成直流电,在其整流器与大容量的滤波电解电容器之间,设置一级功率因数校正(PFC)升压型变换电路,以实现高功率因数。从 PFC 升压变回去的直流电压再经过 DC/AC 逆变器变换成高频电压。输出级通常采用 LC 串联谐振网络,灯的启动通过 LC 电路发生串联谐振,利用启动电容两端产生的高压脉冲将灯引燃,在灯启动之后,电感元件对灯起限流作用,由于电子镇流器开关频率较高,故电感器只需要很小体积即可胜任。为使电子镇流器安全、可靠地工作,还要设计辅助电路,如从镇流器输出到 DC/AC 逆变电路引入反馈网络,通过控制电路以保证与高频产生器频率同步化等。

其特点如下:

a. 能耗低、效率高、电感的功耗较大。

b. 发光效率高,荧光灯的发光效率(简称光效)和供电的频率有关,即随工作频率的增加而增加。

c. 具有高功率因数,因为在电子镇流器中,具有采用功率因数的校正电路。

d. 在电网电压波动的情况下,保持灯功率和光输出的恒定。

附录
电力电子技术抽样考核题集

1. 芯片 KJ004 主要由哪几部分电路组成？

2. KJ004 的输出引脚分别为哪两个引脚？这两个引脚分别输出什么信号，且信号之间相位相差多少度？

3. 挂箱 DT02 单元中，触发角 α 的调节应该调节哪个滑动变阻器？

4. 挂箱 DT02 单元中，脉冲的宽度由哪个时间参数决定？

5. 单相半波可控整流电路，阻感性负载，随着触发角 α 增大，U_d 怎样变化，且 α 的移相范围是多少？此时，晶闸管承受的最大反向电压为多少？

6. 挂箱 DG01 中，触发角 α 的调节应该调节哪个滑动变阻器？

7. 三相桥式全控整流电路，电阻性负载，随着触发角 α 增大，U_d 怎样变化，且 α 的移相范围是多少？

8. 三相桥式全控整流电路，阻感性负载，随着触发角 α 增大，U_d 怎样变化，且 α 的移相范围是多少？此时，晶闸管承受的最大反向电压是多少？

9. 单相桥式全控整流电路，反电动势负载的停止导通角怎么求解？

10. 挂箱 DT03 中，占空比的调节应该调节哪个滑动变阻器？

11. BUCK 变换中，电流连续，输出电压怎样计算？

12. BOOST 变换中，电流连续，输出电压怎样计算？

13. BUCK-BOOST 变换中，电流连续，输出电压怎样计算？

14. 三相桥式全控整流直流电动机调速系统，负载电流连续时的机械特性方程是什么？

15. 三相桥式全控整流直流电动机调速系统，负载电流断续时，$\alpha \leq 30°$时，电动机的实际空载反电动势为多少？$\alpha \geq 30°$时，电动机的实际空载反电动势又为多少？

16. 三相桥式全控整流直流电动机调速系统，为保证负载电流连续，所需的最小电感怎样计算？

17. 以 SG3525 为核心的半桥型开关电源采用的是什么控制方式？

18. 三相桥式全控整流电路中，晶闸管的导通顺序是什么？

19. 三相桥式全控整流电路中，各自然换相点既是_____的交点，同时也是_____的交点。

20. 三相桥式全控整流电路，电阻性负载，$\alpha = 0°$时，U_d 为线电压在正半周的_____。

21. 三相桥式全控整流电路,电阻性负载,当 α 等于多少度时,负载电流临界连续。

22. 三相交流电中,相电压依序相差多少度?

23. 三相交流电中,线电压依序相差多少度?

24. 三相桥式全控整流电路中,电阻性负载,$\alpha \leqslant 60°$ 时,每个时刻均需_____个晶闸管同时导通,形成向负载供电的回路,共阴极组的和共阳极组的各_____个,且____为同一相的晶闸管。

25. 三相桥式全控整流电路中,6 个晶闸管的脉冲按 VT_1—VT_2—VT_3—VT_4—VT_5—VT_6 的顺序,相位依次差_____。

26. 三相桥式全控整流电路中,共阴极组 VT_1、VT_3、VT_5 的脉冲依次差_____,共阳极组 VT_4、VT_6、VT_2 也依次差_____。

27. 三相桥式全控整流电路中,同一相的上下两个桥臂,即 VT_1 与 VT_4,VT_3 与 VT_6,VT_5 与 VT_2,脉冲相差_____。

28. 三相桥式全控整流电路中,整流输出电压 U_d,1 个周期内脉动_____次,每次脉动的波形都一样,故该电路为_____脉波整流电路。

29. 三相桥式全控整流电路,阻感性负载,当电感足够大的时候,i_d、i_{VT}、i_a 的波形在导通段都可近似为_____。

30. 三相桥式全控整流电路,带电阻负载时三相桥式全控整流电路 α 角的移相范围是_____。

31. 三相桥式全控整流电路,带阻感负载时,三相桥式全控整流电路 α 角的移相范围为_____。

32. 三相桥式全控整流电路,带阻感负载时(电感足够大),或带电阻负载 $\alpha \leqslant 60°$ 时,U_d 等于多少?(写出计算公式,并解释)

33. 变压器二次侧电流有效值 I_2 等于多少?(写出计算公式,并解释)

34. 三相桥式全控整流电路,α 角等于 75° 时,当带阻感负载时(电感足够大)比带电阻性负载整流出的电压平均值_____。

35. 三相桥式全控整流电路,解释:晶闸管 VT_1 两端的电压,当 VT_2、VT_3 导通和 VT_3、VT_4 导通时,为何等于线电压 u_{ab}?

36. 电力电子技术就是使用电力电子器件对电能进行_____和_____的技术,即应用于_____领域的电子技术。

37. 电力电子技术可看成弱电控制强电的技术,是弱电和强电之间的_____,而_____则是实现这种接口的一条强有力的纽带。

38. 在信息电子技术中,半导体器件既可处于_____状态,也可处于_____状态,而在电力电子技术中,为避免功率损耗大,电力电子器件总是工作在_____。

39. _____是电力电子技术的基础,_____则是电力电子技术的核心。

40. 4 大电力变换电路为哪 4 大类?

41. 一般认为,电力电子技术的诞生是以 1957 年美国通用电气公司研制出第一个_____为标志的。晶闸管出现前的时期可称为电力电子技术的_____期或_____期。

42. 晶闸管是通过对门极的控制能够使其导通而不能使其关断的器件,属于_____器件。对晶闸管电路的控制方式主要是相位控制方式,简称_____。

43. 采用全控型器件的电路的主要控制方式为_____。相对于相位控制方式,可称为斩波控制方式,简称_____。

44. 把驱动、控制、保护电路和电力电子器件集成在一起,构成_____(PIC),这代表了电力电子技术发展的一个重要方向。

45. 据估计,发达国家在用户最终使用的电能中,有_____以上的电能至少经过_____次电力电子变流装置的处理。

46. 电气工程是一个一级学科,它包含了哪5个二级学科?

47. 电力电子装置提供给负载的是各种不同的直流电源、恒频交流电源以及变频交流电源。因此,电力电子技术研究的就是_____。

48. 有人预言,电力电子技术和_____一起,将和计算机技术共同成为未来科学技术的两大支柱。

49. 电力电子器件(Power Electronic Device)是指可直接用于处理电能的_____中,实现电能的变换或控制的电子器件。

50. 一般情况下,_____是电力电子器件功率损耗的主要成因。当器件的开关频率较高时,_____会随之增大而可能成为器件功率损耗的主要因素。

51. 目前,常用的具有自关断能力的电力电子元件有_____、_____、_____及_____。

52. 判断题:普通晶闸管外部有3个电极,即基极、发射极和集电极。　　　　( )

53. 晶闸管的通态平均电流是指国标规定晶闸管在环境温度为40 ℃和规定的冷却状态下,稳定结温不超过额定结温时所允许流过的最大_____的平均值。

54. 换算关系:正弦半波电流的有效值I和平均值$I_{F(AV)}$之比为_____。

55. 晶闸管的工作状态有正向_____状态、正向_____状态和反向_____状态。

56. 晶闸管在其阳极与阴极之间加上_____电压的同时,门极上加上_____电流,晶闸管就导通。

57. 由于晶闸管能承受的_____和_____容量仍然是目前电力电子器件中最高的,而且工作可靠。因此,它在大容量的应用场合仍然具有比较重要的地位。

58. 电力二极管内部有____个PN结,晶闸管内部有____个PN结,电力晶体管内部有____个PN结。

59. GTO的关断是靠门极加_____出现门极_____来实现的。

60. 断态电压临界上升率du/dt过大,使充电电流足够大,就会使晶闸管_____。通态电流临界上升率di/dt过大,可能造成局部过热而使晶闸管_____。

61. 判断题:双向晶闸管的额定电流是用有效值来表示的。　　　　　　　　( )

62. 功率场效应管是一种性能优良的电子器件。其缺点是_____和_____。

63. 判断题:两只反并联的50 A的普通晶闸管可用一只额定电流为100 A的双向晶闸管来替代。　　　　　　　　　　　　　　　　　　　　　　　　　　　　( )

64. GTO的导通过程与普通晶闸管是一样的,只不过导通时_____较浅。GTO的_____结构使得其比普通晶闸管开通过程更快,承受di/dt的能力增强。

65.电力 MOSFET 开关时间为_____,其工作频率可达_____以上,是主要电力电子器件中最高的。

66.判断题:绝缘栅双极型晶体管具有电力场效应晶体管和电力晶体管的优点。 (　　)

67.晶闸管是_____型、_____型、_____型、_____型器件;GTO 是_____型、_____型、_____型、_____型器件。

68.电力晶体管(GTR)是_____型、_____型、_____型、_____型器件;电力 MOSFET 是_____型、_____型、_____型、_____型器件;IGBT 是_____型、_____型、_____型、_____型器件。

69.基于宽禁带半导体材料(如碳化硅)的电力电子器件将具有比硅器件高得多的_____的能力,低得多的_____,更好的_____和_____,以及更强的_____的能力,在许多方面的性能都是成数量级的提高。

70._____专指 IGBT 及其辅助器件与其保护和驱动电路的单片集成,也称智能 IGBT(Intelligent IGBT)。

71.单相半波可控整流电路电阻性负载,脉冲间隔为_____,晶闸管最大导通角为_____,晶闸管可承受的最大电压为_____。1 个周期中,整流电压的脉动次数为_____。

72.单相桥式全控整流电路阻感性负载(电感足够大),脉冲间隔为_____,晶闸管最大导通角为_____,晶闸管可承受的最大电压为_____。1 个周期中,整流电压的脉动次数为_____。

73.单相桥式半控整流电路阻感性负载加续流二极管,脉冲间隔为_____,晶闸管最大导通角为_____,1 个周期中,整流电压的脉动次数为_____。当续流二极管导通时,变压器二次侧的电流为_____。

74.什么是失控? 单相桥式半控整流电路阻感性负载电路中,为了避免失控,负载两端应该并联_____。

75.单相桥式全控整流电路,带反电动势负载串平波电抗器,要保证电流连续所需的电感 L 应大于等于_____。

76.三相半波可控整流电路,电阻性负载 α 的移相范围是_____,阻感性负载 α 的移相范围是_____。

77.三相半波可控整流电路,电阻性负载,当 α 满足_____条件时,负载电流连续,且当负载电流连续时,整流电压平均值为_____。

78.三相桥式全控整流电路,电阻性负载 α 的移相范围是_____,阻感性负载 α 的移相范围是_____。

79.三相桥式全控整流电路,电阻性负载,当 α 满足_____条件时,负载电流连续,且当负载电流连续时,整流电压平均值为_____。

80.三相桥式全控整流电路,阻感性负载(电感足够大),其变压器二次侧电流的有效值为_____。

81.单相桥式不可控整流电路,考虑变压器漏感对整流电路的影响,则整流电压平均值等于_____。

82.三相半波可控整流电路阻感性负载,考虑变压器漏感时,换相的过程中,共有____个晶闸管导通。

83. 电容滤波的单相不可控整流电路,空载时,输出电压等于____,重载时,随着负载加重,输出电压逐渐趋近于____。

84. 逆变角和控制角的关系是____。单相桥式半控整流电路可否实现有源逆变?

85. 产生有源逆变的条件是什么?

86. 同步信号为锯齿波的触发电路的 3 个基本环节分别是什么?

87. 说出三相桥式全控整流电路的 6 种工作状态。

88. 停止导通角的计算公式为_____。

89. 什么是逆变失败? 如何防止逆变失败?

90. 无源逆变电路和有源逆变电路有何不同?

91. 什么是换流? 晶闸管可否实现器件换流?

92. 电网换流和负载换流分别是怎样使器件关断的?

93. 什么是强迫换流方式?

94. 单相全桥逆变电路移相调压方式可通过哪两种方式改变输出电压的大小?

95. 单相电流型逆变电路输出电流有效值和输入电压平均值的关系为_____。

96. 电压型逆变电路中反馈二极管的作用是什么?

97. 直接直流-变流电路也称_____电路。其功能是将直流电变为另一_____电压或_____电压的直流电。

98. 降压斩波电路,电流连续的条件是_____。此时,输出电压的平均值为_____
____。

99. 升压斩波电路,电流连续的条件是_____。输出电压的平均值为_____。

100. 升降压斩波电路输出电压的平均值为_____。当 $0 < \alpha < 1/2$ 时,为_____;当 $1/2 < \alpha < 1$ 时,为_____。

101. 升降压斩波电路输入电流_____,输出电流_____,输出电压_____;Cuk 斩波电路输入电流_____,输出电流_____,输出电压_____。

102. Sepic 斩波电路输入电流_____,输出电流_____,输出电压_____;Zeta 斩波电路输入电流_____,输出电流_____,输出电压_____。

103. 降压斩波电路和升压斩波电路组合构成_____;相同结构的基本斩波电路组合构成_____。

104. 在每半个周波内通过对晶闸管开通相位的控制,调节_____的电路,称为交流调压电路;以交流电周期为单位控制晶闸管的通断,改变通态周期数和断态周期数的比,调节_____的电路,称为交流调功电路。

105. 单相交流调压电路,电阻性负载,α 的移相范围为_____;阻感性负载,稳态时 α 的移相范围应为_____。

106. 附图 1 为交流调功电路的波形。由图可知,M 值和 N 值分别为多少?

107. 什么是交流电力电子开关?

108. PWM(Pulse Width Modulation)控制就是对_____进行调制的技术,即通过对一系列脉冲的宽度进行调制,来等效地获得所需要的波形(含形状和幅值)。

109. _____是 PWM 控制技术的重要理论基础。其原理是:_____相等

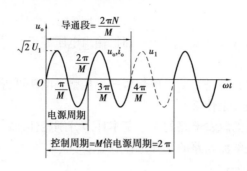

附图1 交流调功电路的波形

而形状不同的窄脉冲加在具有惯性的环节上时,其_____基本相同。

110. 脉冲的_____按正弦规律变化而和_____等效的 PWM 波形,也称 SPWM(Sinusoidal PWM)波形。

111. 什么是调制法?单相桥式 PWM 逆变电路通常采用哪两种调制法?

112. 把逆变电路中的 SPWM 控制技术用于整流电路,就形成了_____。通过对 PWM 整流电路的适当控制,可使其输入电流非常接近正弦波,且和输入电压同相位,功率因数近似为____。

113. 电压型 PWM 整流电路是_____型整流电路,其输出直流电压可从交流电源电压峰值附近向高调节。使用时,要注意_____的保护;同时也要注意,向_____调节就会使电路性能恶化,以至不能工作。

114. 降压型零电压开关准谐振电路是怎样降低开关损耗和开关噪声的?

115. 驱动电路还要提供控制电路与主电路之间的_____,一般采用光隔离或磁隔离。光隔离一般采用_____,磁隔离的元件通常是_____。

116. 外因过电压主要来自雷击和系统中的操作过程等外部原因,包括操作过电压和雷击过电压。操作过电压为由_____等开关操作引起的过电压。雷击过电压为由_____引起的过电压。

117. 常用的过电流保护措施有哪几种?

118. 分别说出什么是关断缓冲电路和开通缓冲电路?

119. 电流连续时,三相桥式全控整流电路电动机负载时的机械特性方程为_____。

120. 三相桥式全控整流电路带电动机负载的系统,为使电流连续,所需加的最小电感用哪个式子计算?

第 **3** 篇
电力电子技术自测试题及参考答案

《电力电子技术》自测试卷一

一、选择题(每题 2 分,共 10 分)

1. 普通的单相半控桥可整流装置中一共用了( )只晶闸管。

    A. 1   B. 2   C. 3   D. 4

2. 晶闸管两端并联一个 RC 电路的作用是( )。

    A. 分流   B. 降压   C. 过电压保护   D. 过电流保护

3. 变流器必须工作在 α( )区域,才能进行逆变。

    A. $>90°$ B. $>0°$ C. $<90°$ D. $=0°$

4. 压敏电阻在晶闸管整流电路中主要是用来( )。

    A. 分流   B. 降压   C. 过电压保护   D. 过电流保护

5. 以交流电周期为单位控制晶闸管的通断,改变通态周期数和断态周期数的比,调节输出功率平均值的电路,称为( )。

    A. 交流调压电路   B. 交流调功电路

    C. 交流电力电子开关

二、填空题(每空 1 分,共 10 分)

1. 晶闸管在其阳极与阴极之间加上＿＿＿＿电压的同时,门极上加上＿＿＿＿电压,晶闸管就导通。

2. 正弦波触发电路的同步移相一般都是采用＿＿＿＿与一个或几个＿＿＿＿＿的叠加,利用改变＿＿＿＿＿＿的大小,来实现移相控制。

3. 在晶闸管两端并联的 RC 回路是用来防止＿＿＿＿＿＿损坏晶闸管的。

4. 在装置容量大的场合,为了保证电网电压稳定,需要有＿＿＿＿补偿,最常用的方法是在负载侧_____。

5.逆变电路分为_____电路和_____电路两种。

三、简答题(每题 6 分,共 30 分)

1.对晶闸管的触发电路有哪些要求?

2.什么叫整流?什么叫逆变?什么叫有源逆变?什么叫无源逆变?

3. 什么叫有环流反并联可逆电路的 $\alpha = \beta$ 工作制?

4.串联谐振式逆变器有哪些特点?它适用于哪些场合?

5.实现有源逆变的条件有哪些?

四、计算题(共 50 分)

1.(5 分)下图中阴影部分为晶闸管处于通态区间的电流波形,波形的电流最大值为 I_m,计算波形电流平均值 I_d 和有效值 I。

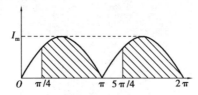

2.(15 分)单相半波可控整流电路对电感负载供电,$L = 20$ mH,$U_2 = 100$ V,求当 $\alpha = 0°$ 时和 $60°$ 时的负载电流 I_d,并画出 u_d 与 i_d 波形。

3.(10 分)三相桥式电压型逆变电路,$180°$ 导电方式,$U_\mathrm{d} = 100$ V。试求输出相电压的基波幅值 U_{UN1m} 和有效值 U_{UN1}、输出线电压的基波幅值 U_{UV1m} 和有效值 U_{UV1}、输出线电压中 5 次谐波的有效值 U_{UV5}。

4.(10 分)降压斩波电路中,$E = 100$ V,$L = 1$ mH,$R = 0.5$ Ω,$E_\mathrm{m} = 20$ V,采用脉宽调制控制方式,$T = 20$ μs。当 $t_\mathrm{on} = 10$ μs 时,计算输出电压平均值 U_o,输出电流平均值 I_o;计算输出电流的最大和最小瞬时值,并判断负载电流是否连续。

5.(10 分)一台调光台灯由单相交流调压电路供电,设该台灯可看作电阻负载,在 $\alpha = 0°$ 时输出功率为最大值,试求功率为最大输出功率的 80%、50% 时的开通角 α。

《电力电子技术》自测试卷二

一、判断题（每题 1 分,共 10 分）

1. 普通晶闸管内部有两个 PN 结。 （　　）

2. 晶闸管采用"共阴"接法或"共阳"接法都一样。 （　　）

3. 采用正弦波移相触发电路的可控整流电路工作稳定性较差。 （　　）

4. 把交流电变成直流电的过程,称为逆变。 （　　）

5. 晶闸管变流可逆装置中出现的"环流"是一种有害的不经过电动机的电流,必须想办法减少,或将它去掉。 （　　）

6. 采用晶体管的变流器,其成本比晶闸管变流器高。 （　　）

7. 两只反并联的 50 A 的普通晶闸管可用一只额定电流为 100 A 的双向晶闸管来替代。 （　　）

8. 工作温度升高,会导致 GTR 的寿命减短。 （　　）

9. 电源总是向外输出功率的。 （　　）

10. 快速熔断器必须与其他过电流保护措施同时使用。 （　　）

二、填空题（每空 1 分,共 10 分）

1. 普通晶闸管内部有_____PN 结,外部有 3 个电极,分别是_____极、_____极和_____极。

2. 逆变晶闸管整流装置的功率因数定义为_____侧_____与_____之比。

3. 用来保护晶闸管过电流的熔断器,称为_____。

4. 为了保证逆变器能正常工作,最小逆变角应为_____。

5. 将直流电源的恒定电压通过电子器件的开关控制,变换为可调的直流电压的装置,称为_____器。

三、简答题（共 30 分）

1. 晶闸管的过电流保护常用哪几种保护方式? 其中哪一种保护通常是用来作为"最后一道保护"?（5 分）

2. 并联谐振式逆变电路利用负载电压进行换相,为保证换相应满足什么条件?（7 分）

3. 与信息电子电路中的 MOSFET 相比,电力 MOSFET 具有怎样的结构特点才使得它具有耐受高电压大电流的能力?（6 分）

4. 高频化的意义是什么? 为什么提高开关频率可减小滤波器的体积和质量? 为什么提高开关频率可以减小变压器的体积和质量?（8 分）

5. 使晶闸管导通的条件是什么?（4 分）

四、计算分析题（共 50 分）

1. (15 分)单相桥式全控整流电路,$U_2 = 100$ V,负载中 $R = 2$ Ω,L 值极大。当 $\alpha = 30°$ 时,要求:

①作出 u_d、i_d 和 i_2 的波形。

②求整流输出平均电压 U_d、电流 I_d,变压器二次电流有效值 I_2。

③考虑安全裕量,确定晶闸管的额定电压和额定电流。

2. (15 分)试绘制 Speic 斩波电路和 Zeta 斩波电路的原理图,并推导其输入输出关系。

3. (6 分)下图为单相电压型半桥逆变电路及其输出电压和电流波形,开关器件 V_1 和 V_2 的栅极信号在一个周期内各有半周正偏,半周反偏,且互补。

试在图(b)中虚线下面标出各段时间内导通器件名称。

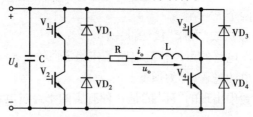

图(a)单相电压型全桥逆变电路原理图

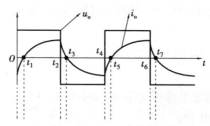

图(b)单相电压型全桥逆变

4. (14 分)一单相交流调压器,电源为工频 220 V,阻感串联作为负载。其中,$R = 0.5$ Ω,$L = 2$ mH。试求:

①触发延迟角 α 的变化范围。

②负载电流的最大有效值。

③最大输出功率及此时电源侧的功率因数。

④当 $\alpha = \dfrac{\pi}{2}$ 时,晶闸管电流有效值、晶闸管导通角和电源侧功率因数。

《电力电子技术》自测试卷三

一、选择题（每题 2 分，共 10 分）

1. 单结晶体管内部有（　　）个 PN 结。
   　A. 1　　　　　　　　B. 2　　　　　　　　C. 3　　　　　　　　D. 4

2. 为了让晶闸管可控整流电感性负载电路正常工作，应在电路中接入（　　）。
   　A. 三极管　　　　　B. 续流二极管　　　　C. 保险丝

3. 压敏电阻在晶闸管整流电路中主要是用来（　　）。
   　A. 分流　　　　　　B. 降压　　　　　　　C. 过电压保护　　　　D. 过电流保护

4. 晶闸管变流器接入直流电动机的拖动系统中，当电动机在轻载状况下，电枢电流较小时，变流器输出电流是（　　）的。
   　A. 连续　　　　　　B. 断续　　　　　　　C. 不变

5. 脉冲变压器传递的是（　　）电压。
   　A. 直流　　　　　　B. 正弦波　　　　　　C. 脉冲波

二、填空题（每空 1 分，共 10 分）

1. 逆变角 β 的起算点为对应相邻相_____的交点往_____度量。

2. 晶闸管装置的容量越大，则高次谐波_____，对电网的影响_____。

3. 用来保护晶闸管过电流的熔断器，称为_____。

4. 只有当阳极电流小于_____电流时，晶闸管才会由导通转为截止。

5. 当晶闸管可控整流的负载为大电感负载时，负载两端的直流电压平均值会_____。解决的办法就是在负载的两端_____接一个_____。

6. 当增大晶闸管可控整流的控制角 α，负载上得到的直流电压平均值会_____。

三、简答题（共 30 分）

1. 实现有源逆变的条件有哪些？（6 分）

2. 与处理信息的电子器件相比，电力电子器件的特征有哪些？（8 分）

3. 换流方式各有哪几种？各有什么特点？（8 分）

4. 试说明 PWM 控制的基本原理。（8 分）

四、计算分析题（共 50 分）

1.（14 分）单相桥式全控整流电路，$U_2 = 200$ V，负载中 $R = 2$ Ω，L 值极大，反电动势 $E = 100$ V。当 $\alpha = 45°$ 时，要求：

　①作出 u_d、i_d 和 i_2 的波形。

　②求整流输出平均电压 U_d、电流 I_d 以及变压器二次侧电流有效值 I_2。

　③考虑安全裕量，确定晶闸管的额定电压和额定电流。

2.（6 分）在图示的降压斩波电路中，已知 $E = 200$ V，$R = 10$ Ω，L 值极大，$E_m = 50$ V，采用脉宽调制控制方式。当 $T = 40$ μs，$t_{on} = 20$ μs 时，计算输出电压平均值 U_o、输出电流平均值 I_o。

3.（12 分）一台输出电压为 5 V，输出电流为 20 A 的开关电源：

　①如果用全桥整流电路，并采用快恢复二极管，其整流电路中二极管的总损耗是多少？

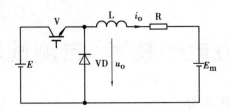

②如果采用全波整流电路,采用快恢复二极管、肖特基二极管,整流电路中二极管的总损耗是多少? 如果采用同步整流电路,整流元件的总损耗是多少?

注:在计算中忽略开关损耗,典型元件参数见下表。

元件类型	型号	电压/V	电流/A	通态压降(通态电阻)
快恢复二极管	25CPFl0	100	25	0.98 V
肖特基二极管	3530CPQ035	30	30	0.64 V
MOSFET	IRFP048	60	70	0.018 Ω

4.(18分)试分析全桥、半桥和推挽电路中的开关和整流二极管在工作中承受的最大电压、最大电流和平均电流(以采用桥式整流电路为例)。

《电力电子技术》自测试卷四

一、判断题（每题1分,共10分）

1. 普通晶闸管外部有3个电极,分别是基极、发射极和集电极。　（　　）
2. 晶闸管加上阳极电压后,不给门极加触发电压,晶闸管也会导通。　（　　）
3. 在触发电路中采用脉冲变压器可保障人员和设备的安全。　（　　）
4. 在电路中接入单结晶体管时,若把b_1、b_2接反了,就会烧坏管子。　（　　）
5. 雷击过电压可用RC吸收回路来抑制。　（　　）
6. 正弦波移相触发电路不会受电网电压的影响。　（　　）
7. 普通单向晶闸管不能进行交流调压。　（　　）
8. 使用大功率晶体管时,必须要注意"二次击穿"问题。　（　　）
9. 应急电源中将直流电变为交流电供灯照明,其电路中发生的"逆变",称为有源逆变。

　（　　）

10. 采用接触器的可逆电路适用于对快速性要求不高的场合。　（　　）

二、填空题（每空1分,共10分）

1. 大功率晶体管简称_____,通常是指耗散功率_____以上的晶体管。
2. 晶闸管的工作状态有正向_____状态、正向_____状态和反向_____状态。
3. 按负载的性质不同,晶闸管可控整流电路的负载分为_____性负载、_____性负载和_____负载3大类。
4. 在晶闸管两端并联的RC回路是用来防止_____损坏晶闸管的。
5. 逆变角β与控制角α之间的关系为_____。

三、简答题（共40分）

1. 画出下列半导体器件的图形符号,并标明管脚代号。（10分）
①普通晶闸管;②门极可关断晶闸管;③电力晶体管;④N沟道的电力场效应管;⑤绝缘栅双极晶体管。
2. 绘出升压斩波电路原理图,并简述其工作原理。（8分）
3. 简述电力MOSFET驱动电路的特点。（6分）
4. 无源逆变电路和有源逆变电路有何不同?（4分）
5. 单极性和双极性PWM调制有什么区别?三相桥式PWM型逆变电路中,输出相电压（输出端相对于直流电源中点的电压)和线电压SPWM波形各有哪几种电平?（7分）
6. 在移相全桥零电压开关PWM电路中,如果没有谐振电感L_r,电路的工作状态将发生哪些变化?哪些开关仍是软开关?哪些开关将成为硬开关?（5分）

四、计算题（共40分）

1. （12分）下图中阴影部分为晶闸管处于通态区间的电流波形,各波形的电流最大值均为I_m,试计算各波形的电流平均值I_{d1}、I_{d2}、I_{d3}与电流有效值I_1、I_2、I_3。

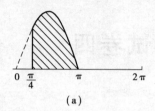 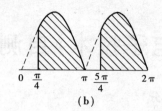 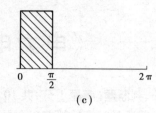

(a)   (b)   (c)

2.(13 分)单相桥式全控整流电路,$U_2 = 200$ V,负载中 $R = 2$ Ω,L 值极大,反电势 $E = 100$ V。当 $\alpha = 45°$时,要求:

①作出 u_d、i_d 和 i_2 的波形。

②求整流输出平均电压 U_d、电流 I_d 以及变压器二次侧电流有效值 I_2。

③考虑安全裕量,确定晶闸管的额定电压和额定电流。

3.(5 分)在图示的升压斩波电路中,已知 $E = 50$ V,L 值和 C 值极大,$R = 25$ Ω,采用脉宽调制控制方式。当 $T = 50$ μs,$t_{on} = 20$ μs 时,计算输出电压平均值 U_o、输出电流平均值 I_o。

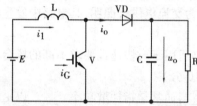

4.(10 分)三相桥式电压型逆变电路,180°导电方式,$U_d = 100$ V。试求输出相电压的基波幅值 U_{UN1m} 和有效值 U_{UN1},输出线电压的基波幅值 U_{UV1m} 和有效值 U_{UV1},以及输出线电压中 5 次谐波的有效值 U_{UV5}。

《电力电子技术》自测试卷五

一、判断题（每题 1 分，共 10 分）

1. 只要给门极加上触发电压，晶闸管就导通。　　　　　　　　　　（　　）
2. 为防止"关断过电压"损坏晶闸管，可在管子两端并接压敏电阻。　（　　）
3. 增大晶闸管整流装置的控制角 α，输出直流电压的平均值会增大。　（　　）
4. 雷击过电压可用 RC 吸收回路来抑制。　　　　　　　　　　　　（　　）
5. 晶闸管串联使用须采取"均压措施"。　　　　　　　　　　　　　（　　）
6. 在触发电路中，采用脉冲变压器，可保障人员和设备的安全。　　（　　）
7. 晶闸管装置的容量越大，对电网的影响就越小。　　　　　　　　（　　）
8. 电力晶体管的外部电极也是集电极、基极和发射极。　　　　　　（　　）
9. 电力场效应晶体管属于电流型控制元件。　　　　　　　　　　　（　　）
10. 只要控制角 $\alpha > 90°$，变流器就可实现逆变。　　　　　　　　　（　　）

二、填空题（每空 1 分，共 20 分）

1. 在单相交流调压电路中，负载为电阻性时移相范围是_____，负载是阻感性时移相范围是_____。
2. 将直流电源的恒定电压通过电子器件的开关控制，变换为可调的直流电压的装置，称为_____器。
3. 逆变角 β 与控制角 α 之间的关系为_____。
4. PWM 逆变电路的控制方法有_____、_____、_____ 3 种。
5. 当增大晶闸管可控整流的控制角 α，负载上得到的直流电压平均值会_____。
6. 逆变电路分为_____逆变电路和_____逆变电路两种。
7. 电力电子技术——使用电力电子器件对电能进行_____和_____的技术，即应用于电力领域的电子技术。
8. 在信息电子技术中，半导体既可处于放大状态，也可处于开关状态，而在电力电子技术中，为避免功率损耗大，电力电子器件总是工作在_____。
9. 一般认为，电力电子技术的诞生是以 1957 年美国通用电气公司研制出第一个_____为标志的。
10. 双极型器件由_____和_____两种载流子参与导电。
11. 电力二极管的正向平均电流是指电力二极管长期运行时，在指定的管壳温度（简称壳温，用 T_C 表示）和散热条件下，其允许流过的最大_____的平均值。
12. 功率场效应管是一种性能优良的电子器件，缺点是_____和_____。
13. 只有当阳极电流小于_____电流时，晶闸管才会由导通转为截止。

三、简答题（共 30 分）

1. 与信息电子电路中的二极管相比，电力二极管具有怎样的结构特点才使得其具有耐受高压和大电流的能力？（7 分）
2. 什么是逆变失败？如何防止逆变失败？（7 分）

3. 电压型逆变电路中反馈二极管的作用是什么？为什么电流型逆变电路中没有反馈二极管？（8分）

4. 单相和三相 SPWM 波形中，所含主要谐波频率为多少？（8分）

四、计算题（共40分）

1. （8分）单相桥式半控整流电路，电阻性负载，画出整流二极管在1周内承受的电压波形。

2. （15分）降压斩波电路中，$E = 100$ V，$L = 1$ mH，$R = 0.5$ Ω，$E_m = 20$ V，采用脉宽调制控制方式，$T = 20$ μs。当 $t_{on} = 10$ μs 时，计算输出电压平均值 U_o、输出电流平均值 I_o；计算输出电流的最大和最小瞬时值，并判断负载电流是否连续。

3. （17分）三相桥式不可控整流电路，阻感负载，$R = 2$ Ω，$L = \infty$，$U_2 = 100$ V，$X_B = 0.1$ Ω，求 U_d、I_d、I_{VD}、I_2 和 γ 的值，并画出 u_d、i_{VD} 和 i_{2a} 的波形。

《电力电子技术》自测试卷六

一、填空题（每空1分，共20分）

1. 电力电子技术——使用电力电子器件对电能进行变换和控制的技术，即应用于电力领域的_____。

2. 在信息电子技术中，半导体器件既可处于_____，也可处于_____，而在电力电子技术中，为避免功率损耗大，电力电子器件总是工作在开关状态。

3. 晶闸管的通态平均电流是指国家标准规定通态平均电流为晶闸管在环境温度为40 ℃和规定的冷却状态下，稳定结温不超过额定结温时所允许流过的最大_____的平均值。

4. GTO的关断是靠门极加_____出现门极_____来实现的。

5. 变频电路从变频过程可分为_____变频和_____变频两大类。

6. 逆变角 β 的起算点为对应相邻相负半周的交点往_____度量。

7. 电力电子技术可看成弱电控制强电的技术，是弱电和强电之间的_____，而_____则是实现这种接口的一条强有力的纽带。

8. 晶闸管在其阳极与阴极之间加上_____电压的同时，门极上加上_____电流，晶闸管就导通。

9. PWM逆变电路的控制方法有_____、_____和_____3种。

10. 当晶闸管可控整流的负载为大电感负载时，负载两端的直流电压平均值会_____，解决的办法就是在负载的两端并接一个_____。

11. 电流从一个支路向另一个支路转移的过程，称为_____，也称_____。

二、简答题（共40分）

1. 分别指出下列半导体器件的名称。（10分）

2. 与信息电子电路中的MOSFET相比，电力MOSFET具有怎样的结构特点，才使得它具有耐受高电压大电流的能力？（6分）

3. 并联谐振式逆变电路利用负载电压进行换相，为保证换相应满足什么条件？（7分）

4. 简述升降压斩波电路基本原理。（9分）

5. 什么是电流跟踪型PWM变流电路？采用滞环比较方式的电流跟踪型变流器有何特点？（8分）

三、计算题（共40分）

1. （5分）在降压斩波电路中，已知 $E=200$ V，$R=10$ Ω，L 值极大，$E_m=50$ V，采用脉宽调制控制方式。当 $T=40$ μs，$t_{on}=20$ μs 时，计算输出电压平均值 U_o、输出电流平均值 I_o。

2. （15分）一台调光台灯由单相交流调压电路供电，设该台灯可看作电阻负载，在 $\alpha=0°$

时输出功率为最大值。试求功率为最大输出功率的 80%、50% 时的开通角 α。

3.(6 分)在三相桥式全控整流电路中,电阻负载。如果有一个晶闸管不能导通,此时的整流电压 u_d 波形如何? 如果有一个晶闸管被击穿而短路,其他晶闸管受什么影响?

4.(14 分)晶闸管串联的单相半控桥(桥中 VT_1、VT_2 为晶闸管),电路如下图所示,$U_2 = 100$ V,电阻电感负载,$R = 2\ \Omega$,L 值很大。当 $\alpha = 60°$ 时,求流过器件电流的有效值,并作出 u_d、i_d、i_{VT}、i_{VD} 的波形。

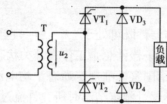

《电力电子技术》自测试卷七

一、判断题（每题 1 分，共 10 分）

1. 加在晶闸管门极上的触发电压，最高不得超过 100 V。　　　　　　　（　　）
2. 单向半控桥可控整流电路中，两只晶闸管采用的是"共阳"接法。　　（　　）
3. 晶闸管串联使用须采取"均压措施"。　　　　　　　　　　　　　　（　　）
4. 为防止"关断过电压"损坏晶闸管，可在管子两端并接压敏电阻。　　（　　）
5. 采用正弦波移相触发电路的可控整流电路工作稳定性较差。　　　　（　　）
6. 绝缘栅双极型晶体管具有电力场效应晶体管和电力晶体管的优点。　（　　）
7. 工作温度升高，会导致 GTR 的寿命减短。　　　　　　　　　　　（　　）
8. 晶闸管变流可逆装置中出现的"环流"是一种有害的不经过电动机的电流，必须想办法减少或将它去掉。　　　　　　　　　　　　　　　　　　　　　　　　　（　　）
9. 只要控制角 $\alpha > 90°$，变流器就可实现逆变。　　　　　　　　　（　　）
10. 晶闸管装置的容量越大，对电网的影响就越小。　　　　　　　　（　　）

二、填空题（每空 1 分，共 10 分）

1. 某半导体器件的型号为 KP50-7。其中，KP 表示该器件的名称为＿＿＿，50 表示＿＿＿＿，7 表示＿＿＿。
2. 触发电路送出的触发脉冲信号必须与晶闸管阳极电压＿＿＿＿＿，保证在管子阳极电压每个正半周内以相同的＿＿＿＿＿被触发，才能得到稳定的直流电压。
3. 在晶闸管两端并联的 RC 回路是用来防止＿＿＿＿＿＿＿＿＿损坏晶闸管的。
4. 晶闸管装置的容量越大，则高次谐波＿＿＿＿＿，对电网的影响＿＿＿＿＿。
5. 在装置容量大的场合，为了保证电网电压稳定，需要有＿＿＿＿＿＿＿补偿。最常用的方法是在负载侧＿＿＿＿＿＿＿。

三、简答题（共 30 分）

1. 维持晶闸管导通的条件是什么？怎样才能使晶闸管由导通变为关断？（6 分）
2. 试列举典型的宽禁带半导体材料。基于这些宽禁带半导体材料的电力电子器件在哪些方面性能优于硅器件？（5 分）
3. 三相半波整流电路的共阴极接法与共阳极接法，a、b 两相的自然换相点是同一点吗？如果不是，它们在相位上差多少度？（4 分）
4. 什么是电压型逆变电路？什么是电流型逆变电路？两者各有何特点？（10 分）
5. 电力电子器件的驱动电路对整个电力电子装置有哪些影响？（5 分）

四、计算分析题（共 50 分）

1. （15 分）三相半波可控整流电路，反电动势阻感负载，$U_2 = 100$ V，$R = 1$ Ω，$L = \infty$，$L_B = 1$ mH，求当 $\alpha = 30°$，$E = 50$ V 时，U_d、I_d、γ 的值，并作出 u_d 与 i_{VT1} 和 i_{VT2} 的波形。
2. （10 分）三相全控桥变流器，反电动势阻感负载，$R = 1$ Ω，$L = \infty$，$U_2 = 220$ V，$L_B = 1$ mH。当 $E_M = -400$ V，$\alpha = 60°$ 时，求 U_d、I_d 与 γ 的值，此时送回电网的有功功率是多少？
3. （15 分）绘制电流可逆斩波电路中，各个阶段电流流通的路径，并标明电流方向。

4. (10 分)下图为单相电压型半桥逆变电路及其输出电压和电流波形,开关器件 V_1 和 V_2 的栅极信号在一个周期内各有半周正偏、半周反偏,且互补。回答下述问题:

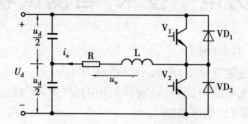

图(a)单相电压型半桥逆变电路原理图

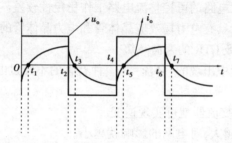

图(b)单相电压型半桥逆变电路输出电压和电流波形

①说出该电路的换流方式。(2 分)

②图(b)中,分别说出 $t_1 \rightarrow t_2, t_2 \rightarrow t_3, t_3 \rightarrow t_4, t_4 \rightarrow t_5$ 4 个时间内器件导通的名称。(4 分)

$t_1 \rightarrow t_2$:_____ $t_2 \rightarrow t_3$:_____

$t_3 \rightarrow t_4$:_____ $t_4 \rightarrow t_5$:_____

③填空:V_1 或 V_2 通时,i_o 和 u_o 方向_____,直流侧向负载提供能量;VD_1 或 VD_2 通时,i_o 和 u_o 方向_____,电感中储能向直流侧反馈。VD_1、VD_2 称为_____,它又起着使负载电流连续的作用,又称_____。(4 分)

《电力电子技术》自测试卷八

一、判断题（每题 1 分,共 15 分）

1. 普通晶闸管内部有两个 PN 结。　　　　　　　　　　　　　　　（　　）
2. 型号为 KP50-7 的半导体器件,是一额定电流为 50 A 的普通晶闸管。（　　）
3. 只要让加在晶闸管两端的电压减小为零,晶闸管就会关断。　　　（　　）
4. 晶闸管采用"共阴"接法或"共阳"接法都一样。　　　　　　　　（　　）
5. 增大晶闸管整流装置的控制角 α,输出直流电压的平均值会增大。（　　）
6. 快速熔断器必须与其他过电流保护措施同时使用。　　　　　　　（　　）
7. 单结晶体管组成的触发电路不能很好地满足电感性或反电动势负载的要求。（　　）
8. 晶闸管触发电路与主电路的同步,主要是通过同步变压器的不同结线方式来实现的。

　　　　　　　　　　　　　　　　　　　　　　　　　　　　　　（　　）
9. 普通单向晶闸管不能进行交流调压。　　　　　　　　　　　　　（　　）
10. 电力晶体管的外部电极也是集电极、基极和发射极。　　　　　　（　　）
11. 大功率晶体管的放大倍数 β 都比较低。　　　　　　　　　　　（　　）
12. 把交流电变成直流电的过程,称为逆变。　　　　　　　　　　　（　　）
13. 晶闸管可控整流电路就是变流电路。　　　　　　　　　　　　　（　　）
14. 采用接触器的可逆电路适用于对快速性要求不高的场合。　　　　（　　）
15. 采用晶体管的变流器,其成本比晶闸管变流器高。　　　　　　　（　　）

二、填空题（每空 1 分,共 15 分）

1. 目前,常用的具有自关断能力的电力电子元件有＿＿＿＿＿＿、＿＿＿＿＿＿、＿＿＿＿＿＿及＿＿＿＿＿＿。
2. 功率场效应管是一种性能优良的电子器件,缺点是＿＿＿＿＿＿和＿＿＿＿＿＿。
3. 只有当阳极电流小于＿＿＿＿＿＿电流时,晶闸管才会由导通转为截止。
4. 逆变角 β 的起算点为对应相邻相负半周的交点往＿＿＿＿＿度量。
5. 将直流电源的恒定电压通过电子器件的开关控制,变换为可调的直流电压的装置,称为＿＿＿＿＿＿器。
6. 晶体管触发电路的同步电压一般有＿＿＿＿＿＿同步电压和＿＿＿＿＿＿同步电压。
7. 变频电路从变频过程可分为＿＿＿＿＿＿变频和＿＿＿＿＿＿变频两大类。
8. 在单相交流调压电路中,负载为电阻性时移相范围是＿＿＿＿＿＿,负载是阻感性时移相范围是＿＿＿＿＿＿。

三、简答题（共 30 分）

1. 单相桥式全控整流电路,其整流输出电压中含有哪些次数的谐波? 其中幅值最大的是哪一次? 变压器二次侧电流中含有哪些次数的谐波? 其中主要的是哪几次?（6 分）
2. GTO 和普通晶闸管同为 PNPN 结构,为什么 GTO 能够自关断,而普通晶闸管不能?（10 分）
3. 多相多重斩波电路有何优点?（6 分）

4. 在 PWM 整流电路中,什么是间接电流控制? 什么是直接电流控制? 为什么后者目前应用较多? (8 分)

四、计算题(共 40 分)

1. (15 分) 单相全控桥,反电动势阻感负载,$R = 1\ \Omega$,$L = \infty$,$E = 40\ V$,$U_2 = 100\ V$,$L_B = 0.5\ mH$。当 $\alpha = 60°$ 时,求 U_d、I_d 与 γ 的数值,并画出整流电压 u_d 的波形。

2. (10 分) 在下图的降压斩波电路中,$E = 100\ V$,$L = 1\ mH$,$R = 0.5\ \Omega$,$E_m = 10\ V$,采用脉宽调制控制方式,$T = 20\ \mu s$。当 $t_{on} = 5\ \mu s$ 时,判断负载电流是否连续。计算输出电压平均值 U_o、输出电流平均值 I_o(已知:$e^{0.0025} = 1.0025$,$e^{0.005} = 1.005$,$e^{0.0075} = 1.0075$,$e^{0.01} = 1.01$)。

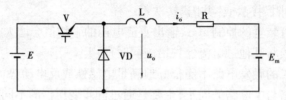

3. (15 分) 一台调光台灯由单相交流调压电路供电,设该台灯可看作电阻负载,在 $\alpha = 0°$ 时输出功率为最大值,试求功率为最大输出功率的 80%、50% 时的开通角 α。

《电力电子技术》自测试卷九

一、选择题（每题 2 分,共 20 分）

1. 晶闸管内部有(　　)个 PN 结。
　　A.1　　　　　　　B.2　　　　　　　C.3　　　　　　　D.4

2. 晶闸管可控整流电路中的控制角 α 减小,则输出的电压平均值会(　　)。
　　A.不变　　　　　B.增大　　　　　C.减小

3. 单相桥式可控整流电路输出最大直流电压的平均值等于整流前交流电压的(　　)倍。
　　A.1　　　　　　B.0.5　　　　　　C.0.45　　　　　D.0.9

4. 直流电动机由晶闸管供电与由直流发电机供电相比较,其机械特性(　　)。
　　A.一样　　　　　B.要硬一些　　　　C.要软一些

5. 晶闸管两端并联一个 RC 电路的作用是(　　)。
　　A.分流　　　　　B.降压　　　　　C.过电压保护　　　　D.过电流保护

6. 普通晶闸管的通态电流(额定电流)是用电流的(　　)来表示的。
　　A.有效值　　　　B.最大幅值　　　　C.平均值

7. 脉冲变压器传递的是(　　)电压。
　　A.直流　　　　　B.正弦波　　　　C.脉冲波

8. 若可控整流电路的功率大于 4 kW,宜采用(　　)整流电路。
　　A.单相半波可控　　B.单相全波可控　　C.三相可控

9. 晶闸管在电路中的门极正向偏压(　　)更好。
　　A.越大　　　　　B.越小　　　　　C.不变

10. 三相全控桥整流装置中一共用了(　　)只晶闸管。
　　A.3　　　　　　B.6　　　　　　C.9

二、填空题（每空 1 分,共 10 分）

1. 一般认为,电力电子技术的诞生是以 1957 年美国_____电气公司研制出第一个_____为标志的。

2. 单相半波可控整流电路电阻性负载,直流输出电压平均值为_____。三相半波可控整流电路负载电流连续时,直流输出电压平均值为_____。

3. 升降压斩波电路,输入电流和输出电流都是_____的,负载电压_____。

4. 电力电子技术可看成弱电控制强电的技术,是弱电和强电之间的_____,而_____则是实现这种接口的一条强有力的纽带。

5. 晶闸管在其阳极与阴极之间加上_____电压的同时,门极上加上_____电流,晶闸管就导通。

三、简答题（共 30 分）

1. 三相桥式全控整流电路,其整流输出电压中含有哪些次数的谐波? 其中幅值最大的是哪一次? 变压器二次侧电流中含有哪些次数的谐波? 其中主要的是哪几次? (6 分)

2. 试分析电力电子集成技术可以带来哪些益处。功率集成电路与集成电力电子模块实现

集成的思路有何不同？（7分）

3.什么是 SPWM 波形的规则化采样法？与自然采样法比，规则采样法有什么优点？（10分）

4.高频化的意义是什么？为什么提高开关频率可减小滤波器的体积和质量？为什么提高开关频率可减小变压器的体积和质量？（7分）

四、计算分析题（共 40 分）

1.（10分）桥式可逆斩波电路中，若需使电动机工作于反转电动状态，试分析此时电路的工作情况，并绘制相应的电流流通路径图，同时标明电流流向。

2.（10分）一单相交流调压器，输入交流电压为 220 V,50 Hz,阻感串联作为负载。其中，$R=0.5\ \Omega, L=2\ \text{mH}$。试求：

①开通角 α 的变化范围。

②负载电流的最大有效值。

③最大输出功率及此时电源侧的功率因数。

3.（20分）三相全控桥，反电动势阻感负载，$E=200\ \text{V}, R=1\ \Omega, L=\infty, U_2=220\ \text{V}, \alpha=60°$。当 $L_B=0$ 和 $L_B=1\ \text{mH}$ 情况下，分别求 U_d、I_d 的值，后者还应求 γ，并分别作出 u_d 与 i_{VT} 的波形。

《电力电子技术》自测试卷十

一、选择题（每题 2 分,共 20 分）

1. 晶闸管可整流电路中直流端的蓄电池或直流电动机应该属于(　　)负载。
   A. 电阻性　　　　　B. 电感性　　　　　C. 反电动势

2. 普通的单相半控桥可控整流装置中一共用了(　　)只晶闸管。
   A. 1　　　　　B. 2　　　　　C. 3　　　　　D. 4

3. 晶闸管变流装置的功率因数比较(　　)。
   A. 高　　　　　B. 低　　　　　C. 好

4. 下列不可实现逆变的电路是(　　)晶闸管电路。
   A. 单相全波　　　　　B. 三相半控桥　　　　　C. 三相全控桥

5. 变流器必须工作在 α(　　)区域,才能进行逆变。
   A. $>90°$　　　　　B. $>0°$　　　　　C. $<90°$　　　　　D. $=0°$

6. GTR 内部有(　　)个 PN 结。
   A. 1　　　　　B. 2　　　　　C. 3　　　　　D. 4

7. 为了让晶闸管可控整流电感性负载电路正常工作,应在电路中接入(　　)。
   A. 三极管　　　　　B. 续流二极管　　　　　C. 保险丝

8. 晶闸管变流器接入直流电动机的拖动系统中,当电动机在轻载状况下,电枢电流较小时,变流器输出电流是(　　)的。
   A. 连续　　　　　B. 断续　　　　　C. 不变

9. 三相可控整流与单相可控整流相比较,输出直流电压的纹波系数(　　)。
   A. 三相的大　　　　　B. 单相的大　　　　　C. 一样大

10. 普通晶闸管的通态电流(额定电流)是用电流的(　　)来表示的。
    A. 有效值　　　　　B. 最大幅值　　　　　C. 平均值

二、判断题（每题 1 分,共 10 分）

1. 只要给门极加上触发电压,晶闸管就导通。　　　　　　　　　　　　　(　　)
2. 雷击过电压可用 RC 吸收回路来抑制。　　　　　　　　　　　　　　(　　)
3. 晶闸管并联使用须采取"均压措施"。　　　　　　　　　　　　　　(　　)
4. 在触发电路中采用脉冲变压器可保障人员和设备的安全。　　　　　　(　　)
5. 正弦波移相触发电路不会受电网电压的影响。　　　　　　　　　　　(　　)
6. 双向晶闸管的额定电流是用有效值来表示的。　　　　　　　　　　　(　　)
7. 电力场效应晶体管属于电流型控制元件。　　　　　　　　　　　　　(　　)
8. 应急电源中将直流电变为交流电供灯照明,其电路中发生的"逆变"称有源逆变。　　　　　　　　　　　　　　　　　　　　　　　　　　　　　(　　)
9. 晶闸管触发电路与主电路的同步,主要是通过同步变压器的不同结线方式来实现的。　　　　　　　　　　　　　　　　　　　　　　　　　　　　(　　)
10. 为防止过电流,只需在晶闸管电路中接入快速熔断器即可。　　　　　(　　)

三、填空题(每空 1 分,共 10 分)

1. 电力电子器件的制造技术是电力电子技术的_____,变流技术则是电力电子技术的_____。

2. 多相多重斩波电路由_____的基本_____组合构成。

3. Zeta 斩波电路,输入电流_____而输出电流_____,负载电压正极性。

4. 电力电子技术——使用电力电子器件对电能进行_____和_____的技术,即应用于电力领域的电子技术。

5. 当晶闸管可控整流电路的负载为阻感性负载时,负载两端的直流电压相比电阻性负载,其平均值会_____。解决的办法就是在负载的两端并联接一个_____。

四、综合题(60 分)

1. (5 分)正确使用晶闸管应该注意哪些事项?

2. (5 分)什么叫整流?什么叫逆变?什么叫有源逆变?什么叫无源逆变?

3. (5 分)什么叫有环流反并联可逆电路的 $\alpha = \beta$ 工作制?

4. (8 分)试分析 IGBT 和电力 MOSFET 在内部结构和开关特性上的相似与不同之处。

5. (12 分)三相桥式全控整流电路,$U_2 = 100$ V,带电阻电感负载,$R = 5$ Ω,L 值极大。当 $\alpha = 60°$ 时,要求:

①画出 u_d、i_d 和 i_{VT1} 的波形。

②计算 U_d、I_d、I_{dVT} 和 I_{VT}。

6. (15 分)一单相交流调压器,电源为工频 220 V,阻感串联作为负载。其中,$R = 0.5$ Ω,$L = 2$ mH。试求:

①触发延迟角 α 的变化范围。

②负载电流的最大有效值。

③最大输出功率及此时电源侧的功率因数。

④当 $\alpha = \dfrac{\pi}{2}$ 时,晶闸管电流有效值、晶闸管导通角和电源侧功率因数。

7. (10 分)下图为单相电压型全桥逆变电路及其输出电压和电流波形,开关器件 V_1(同 V_4)和 V_2(同 V_3)的栅极信号在一个周期内各有半周正偏、半周反偏,且互补。回答下述问题:

①说出该电路的换流方式。(2 分)

②图(b)中,分别说出 $t_1 \to t_2, t_2 \to t_3, t_3 \to t_4, t_4 \to t_5$ 4 个时间内器件导通的名称。(4 分)

$t_1 \to t_2$:_____ $t_2 \to t_3$:_____

$t_3 \to t_4$:_____ $t_4 \to t_5$:_____

③填空:$V_1 V_4$ 或 $V_2 V_3$ 通时,i_o 和 u_o 方向_____,直流侧向负载提供能量;VD_1、VD_4 或 VD_2、VD_3 通时,i_o 和 u_o 方向_____,电感中储能向直流侧反馈。VD_1、VD_4,VD_2、VD_3 称为_____,它又起着使负载电流连续的作用,又称_____。(4 分)

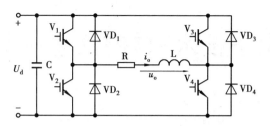

图(a) 单相电压型全桥逆变电路原理图

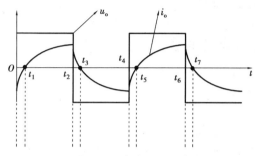

图(b) 单相电压型全桥逆变电路输出电压和电流波形

《电力电子技术》自测试卷一参考答案

一、选择题(每空 2 分,共 10 分)

1. A   2. C   3. A   4. C   5. B

二、填空题(每空 1 分,共 10 分)

1. 正向、触发

2. 正弦波同步电压、控制电压、控制电压

3. 关断过电压

4. 无功功率、并联电容

5. 有源、无源

三、简答题(每题 6 分,共 30 分)

1. 为了让晶闸管变流器准确无误地工作要求触发电路送出的触发信号应有足够大的电压和功率;门极正向偏压越小越好;触发脉冲的前沿要陡、宽度应满足要求;要能满足主电路移相范围的要求;触发脉冲必须与晶闸管的阳极电压取得同步。

2. 把交流电变为直流电的过程,称为整流;把直流电变为交流电的过程,称为逆变;将直流电变为和电网同频率的交流电并反送到交流电网去的过程,称为有源逆变;将直流电变为交流电直接供给负载使用的过程,称为无源逆变。

3. 在有环流反并联可逆电路中,为了防止在两组变流器中出现环流,当一组工作在整流状态时,另一组必须工作在逆变状态,并且 $\alpha = \beta$,也就是两组变流器的控制角之和必须保持 $180°$,才能使两组直流侧电压大小相等方向相反。这种运行方式称为 $\alpha = \beta$ 工作制。

4. 串联谐振式逆变器的启动和关断较容易,但对负载的适应性较差,当负载参数变动较大配合不当时,会影响功率输出或引起电容电压过高。因此,串联谐振式逆变器适用于负载性质变化不大,需要频繁启动和工作频率较高的场合,如热锻、弯管、淬火等。

5. 直流侧必须外接与直流电流 I_d 同方向的直流电源 E。其数值要稍大于 U_d,才能提供逆变能量;

变流器必须工作在 $\beta < 90°(\alpha > 90°)$ 区域,使 $U_d < 0$,才能把直流功率逆变为交流功率返送电网。

四、计算题(共 50 分)

1. (5 分)$I_d = \dfrac{2}{2\pi}\int_{\frac{\pi}{4}}^{\pi} I_m \sin \omega t \mathrm{d}\omega t = \dfrac{2+\sqrt{2}}{2\pi} I_m \approx 0.54 I_m$

$I = \sqrt{\dfrac{2}{2\pi}\int_{\frac{\pi}{4}}^{\pi}(I_m \sin \omega t)^2 \mathrm{d}(\omega t)} = \sqrt{\dfrac{3\pi+2}{8\pi} I_m^2} \approx 0.67 I_m$

2. (5 分)$\alpha = 0°$ 时,在电源电压 u_2 的正半周期晶闸管导通时,负载电感 L 储能,在晶闸管开始导通时刻,负载电流为零。在电源电压 u_2 的负半周期,负载电感 L 释放能量,晶闸管继续导通。因此,在电源电压 u_2 的一个周期里,以下方程均成立,即

$$L \frac{\mathrm{d}i_\mathrm{d}}{\mathrm{d}t} = \sqrt{2}U_2 \sin \omega t$$

考虑到初始条件:当 $\omega t = 0$ 时 $i_\mathrm{d} = 0$ 可解方程得

$$i_\mathrm{d} = \frac{\sqrt{2}U_2}{\omega L}(1 - \cos \omega t)$$

$$I_\mathrm{d} = \frac{1}{2\pi}\int_0^{2\pi} \frac{\sqrt{2}U_2}{\omega L}(1 - \cos \omega t)\mathrm{d}(\omega t) = \frac{\sqrt{2}U_2}{\omega L} = 22.51 \text{ A}$$

u_d 与 i_d 的波形如图所示。

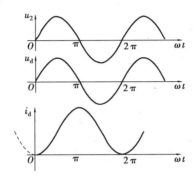

当 $\alpha = 60°$ 时,在 u_2 正半周期 $60° \sim 180°$,晶闸管导通使电感 L 储能,电感 L 储藏的能量在 u_2 负半周期 $180° \sim 300°$ 释放,因此,在 u_2 一个周期中 $60° \sim 300°$ 以下微分方程成立,即

$$L \frac{\mathrm{d}i_\mathrm{d}}{\mathrm{d}t} = \sqrt{2}U_2 \sin \omega t$$

考虑初始条件:当 $\omega t = 60°$ 时 $i_\mathrm{d} = 0$ 可解方程得

$$i_\mathrm{d} = \frac{\sqrt{2}U_2}{\omega L}\left(\frac{1}{2} - \cos \omega t\right)$$

其平均值为

$$I_\mathrm{d} = \frac{1}{2\pi}\int_{\frac{\pi}{3}}^{\frac{5\pi}{3}} \frac{\sqrt{2}U_2}{\omega L}\left(\frac{1}{2} - \cos \omega t\right)\mathrm{d}(\omega t) = \frac{\sqrt{2}U_2}{2\omega L} = 11.25 \text{ A}$$

此时 u_d 与 i_d 的波形如图所示。

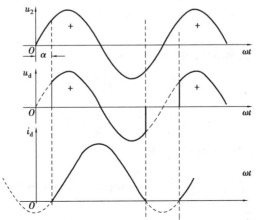

3. （10 分）$U_{UN1m} = \dfrac{2U_d}{\pi} = 0.637U_d = 63.7 \text{ V}$

$U_{UN1} = \dfrac{U_{UN1m}}{\sqrt{2}} = 0.45U_d = 45 \text{ V}$

$U_{UV1m} = \dfrac{2\sqrt{3}U_d}{\pi} = 1.1U_d = 110 \text{ V}$

$U_{UV1} = \dfrac{U_{UV1m}}{\sqrt{2}} = \dfrac{\sqrt{6}}{\pi}U_d = 0.78U_d = 78 \text{ V}$

$U_{UV5} = \dfrac{U_{UV1}}{5} = \dfrac{78}{5} \text{ V} = 15.6 \text{ V}$

4. （10 分）由题目已知条件可得

$$EI_1 t_{on} = (U_o - E)I_1 t_{off}$$

$$m = \frac{E_m}{E} = \frac{20}{100} = 0.2$$

$$\tau = \frac{L}{R} = \frac{0.001}{0.5} = 0.002$$

当 $t_{on} = 10 \text{ μs}$ 时，有

$$\rho = \frac{T}{\tau} = \frac{20 \times 10^{-6}}{0.002} = 0.01$$

$$\alpha\rho = \frac{10}{20} \times 0.01 = 0.005$$

由于

$$\frac{e^{\alpha\rho} - 1}{e^{\rho} - 1} = 0.5 > m$$

故输出电流连续。

输出电压平均值为

$$U_o = \frac{t_{on}}{T}E = \frac{10 \times 100}{20} \text{ V} = 50 \text{ V}$$

输出电流平均值为

$$I_o = \frac{U_o - E_m}{R} = \frac{50 - 20}{0.5} \text{ A} = 60 \text{ A}$$

输出电流的最大和最小瞬时值分别为

$$I_{max} = \left(\frac{1 - e^{-\alpha\rho}}{1 - e^{-\rho}} - m\right)\frac{E}{R} = 60.5 \text{ A}$$

$$I_{min} = \left(\frac{e^{\alpha\rho} - 1}{e^{\rho} - 1} - m\right)\frac{E}{R} = 59.5 \text{ A}$$

5. （10 分）$\alpha = 0°$时的输出电压最大，即

$$U_{omax} = \sqrt{\frac{1}{\pi}\int_0^{\pi}(\sqrt{2}U_1 \sin \omega t)^2 \mathrm{d}(\omega t)} = U_1$$

此时负载电流最大，即

$$I_{\text{omax}} = \frac{U_{\text{omax}}}{R} = \frac{U_1}{R}$$

因此,最大输出功率为

$$P_{\text{max}} = U_{\text{omax}} \times I_{\text{omax}} = \frac{U_1^2}{R}$$

输出功率为最大输出功率的 80% 时,有

$$P = U_o I_o = \frac{U_o^2}{R} = 80\% \frac{U_1^2}{R}$$

此时

$$U_o = \sqrt{0.8} U_1$$

又由

$$U_o = U_1 \sqrt{\frac{\sin 2\alpha}{2\pi} + \frac{\pi - \alpha}{\pi}}$$

解得

$$\alpha = 60.54°$$

同理,输出功率为最大输出功率的 50% 时,即

$$U_o = \sqrt{0.5} U_1$$

又由

$$U_o = U_1 \sqrt{\frac{\sin 2\alpha}{2\pi} + \frac{\pi - \alpha}{\pi}}$$

解得

$$\alpha = 90°$$

《电力电子技术》自测试卷二参考答案

一、判断题(每题 1 分,共 10 分)

1. ×　2. ×　3. √　4. ×　5. √　6. √　7. ×　8. √　9. ×　10. √

二、填空题(每空 1 分,共 10 分)

1. 两个、阳极 A、阴极 K、门极 G

2. 交流、有功功率、视在功率

3. 快速熔断器

4. 30° ~ 35°

5. 斩波

三、简答题(共 30 分)

1. (5 分)晶闸管的过电流保护常用快速熔断器保护;过电流继电器保护;限流与脉冲移相保护和直流快速开关过电流保护等措施进行。其中,快速熔断器过电流保护通常是用来作为"最后一道保护"用的。

2. (7 分)要求负载电流超前于电压,因此补偿电容要使负载过补偿,使负载电路总体上工作在容性,并略失谐的情况。

假设在 t 时刻触发 VT_2、VT_3 使其导通,负载电压 u_o 就通过 VT_2、VT_3 施加在 VT_1、VT_4 上,使其承受反向电压关断,电流从 VT_1、VT_4 向 VT_2、VT_3 转移,触发 VT_2、VT_3 时刻 t 必须在 u_o 过零前并留有足够的裕量,才能使换流顺利完成。

3. (6 分)①垂直导电结构:发射极和集电极位于基区两侧,基区面积大,很薄,电流容量很大。

②N-漂移区:集电区加入低掺杂 N-漂移区,提高耐压。

③集电极安装于硅片底部,设计方便,封装密度高,耐压特性好。

4. (8 分)高频化可减小滤波器的参数,并使变压器小型化,从而有效地降低装置的体积和质量。使装置小型化,轻量化是高频化的意义所在。提高开关频率,周期变短,可使滤除开关频率中谐波的电感和电容的参数变小,从而减轻了滤波器的体积和质量;对于变压器来说,当输入电压为正弦波时,$U = 4.44 \, fNBS$,当频率 f 提高时,可减小 N、S 参数值,从而减小了变压器的体积和质量。

5. (4 分)使晶闸管导通的条件是:晶闸管承受正向阳极电压,并在门极施加触发电流(脉冲)。或 $U_{AK} > 0$ 且 $U_{GK} > 0$。

四、计算分析题(共 50 分)

1. ①u_d、i_d 和 i_2 的波形如图所示。

②(15 分)输出平均电压 U_d、电流 I_d,变压器二次电流有效值 I_2 分别为

$$U_d = 0.9 U_2 \cos \alpha = 0.9 \times 100 \times \cos 30° = 77.97 \text{ V}$$

$$I_d = \frac{U_d}{R} = \frac{77.97}{2} \text{ A} = 38.99 \text{ A}$$

$$I_2 = I_d = 38.99 \text{ A}$$

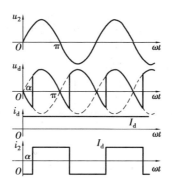

③晶闸管承受的最大反向电压为

$$\sqrt{2}U_2 = 100\sqrt{2}\ \text{V} = 141.4\ \text{V}$$

考虑安全裕量,晶闸管的额定电压为

$$U_N = (2 \sim 3) \times 141.4 = 283 \sim 424\ \text{V}$$

具体数值可按晶闸管产品系列参数选取。

流过晶闸管的电流有效值为

$$I_{VT} = \frac{I_d}{\sqrt{2}} = 27.57\ \text{A}$$

晶闸管的额定电流为

$$I_N = (1.5 \sim 2) \times \frac{27.57}{1.57}\ \text{A} = 26 \sim 35\ \text{A}$$

具体数值可按晶闸管产品系列参数选取。

2. (15 分) Sepic 电路的原理图如图所示。

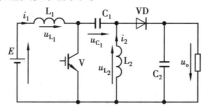

在 V 导通 t_{on} 期间

$$U_{L_1} = E \ \text{和}\ U_{L_2} = U_{C_1}$$

在 V 关断 t_{off} 期间

$$u_{L_1} = E - u_o - u_{C_1} \ \text{和}\ u_{L_2} = -u_o$$

当电路工作于稳态时,电感 L_1、L_2 的电压平均值均为零,则下面的式子成立。

$$Et_{on} + (E - u_o - u_{C_1})t_{off} = 0 \ \text{和}\ u_{C_1}t_{on} - u_ot_{off} = 0$$

由以上两式即可得出

$$U_o = \frac{t_{on}}{t_{off}}E$$

Zeta 电路的原理图如图所示。

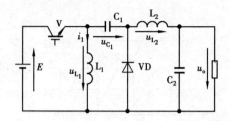

在 V 导通 t_{on} 期间,有

$$u_{L_1} = E \text{ 和 } u_{L_2} = E - u_{C_1} - u_o$$

在 V 关断 t_{off} 期间,有

$$u_{L_1} = u_{C_1} \text{ 和 } u_{L_2} = -u_o$$

当电路工作稳定时,电感 L_1、L_2 的电压平均值为零,则下面的式子成立

$$E t_{on} + u_{C_1} t_{off} = 0 \text{ 和} (E - u_o - u_{C_1}) t_{on} - u_o t_{off} = 0$$

由以上两式即可得出

$$U_o = \frac{t_{on}}{t_{off}} E$$

3. (6 分)

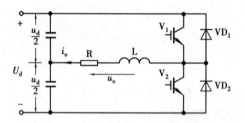

图(a) 单相电压型半桥逆变电路原理图

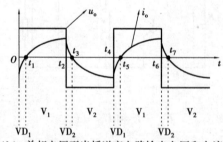

图(b) 单相电压型半桥逆变电路输出电压和电流波形

4. (14 分)①$\varphi = \arctan \dfrac{\omega L}{R} = \arctan \dfrac{2\pi \times 50 \times 2 \times 10^{-3}}{0.5} = 51.47°$

故触发延迟角 α 的变化范围:$51.47° \leqslant \alpha \leqslant 180°$

②负载电流的最大有效值发生在 $\alpha = \varphi$ 时, 负载电流是正弦波

$$I_o = \frac{U_1}{\sqrt{R^2 + (\omega L)^2}} = \frac{220}{\sqrt{0.5^2 + 0.628^2}} \text{ A} = 273.97 \text{ A}$$

③$P_{max} = I_o^2 R = 37.53 \text{ kW}$

$$\lambda = \frac{P}{S} = \frac{P_{\max}}{U_1 I_o} = \cos \varphi = 0.62$$

④由公式 $\sin(\alpha + \theta - \varphi) = \sin(\alpha - \varphi)\mathrm{e}^{-\frac{\theta}{\tan\varphi}}$，当 $\alpha = \frac{\pi}{2}$ 时，得 $\cos(\theta - \varphi) = \mathrm{e}^{-\frac{\theta}{\tan\varphi}}\cos\varphi$

对上式求导得

$$-\sin(\theta - \varphi) = -\frac{1}{\tan\varphi}\mathrm{e}^{-\frac{\theta}{\tan\varphi}}\cos\varphi$$

再则由 $\sin^2(\theta - \varphi) + \cos^2(\theta - \varphi) = 1$ 得

$$\mathrm{e}^{-\frac{2\theta}{\tan\varphi}}\left(1 + \frac{1}{\tan^2\varphi}\right)\cos^2\varphi = 1$$

解得晶闸管导通角

$$\theta = -\tan\varphi \, \mathrm{ln} \tan\varphi = 136°$$

晶闸管的电流有效值

$$I_{\mathrm{VT}} = \frac{U_1}{\sqrt{2\pi}Z}\sqrt{\theta - \frac{\sin\theta\cos(2\alpha + \varphi + \theta)}{\cos\varphi}} = 123 \text{ A}$$

电源侧功率因素

$$\cos\lambda = \frac{U_o I_o}{U_1 I_o} = \frac{U_o}{U_1} = \sqrt{\frac{\theta}{\pi} - \frac{\sin 2\alpha - \sin(2\alpha + 2\theta)}{\pi}} = 0.66$$

《电力电子技术》自测试卷三参考答案

一、选择题(每题 2 分,共 10 分)

1. A   2. B   3. C   4. C   5. C

二、填空题(每空 1 分,共 10 分)

1. 负半周、左
2. 越大、越大
3. 快速熔断器
4. 维持电流
5. 减小、并联、续流二极管
6. 减小

三、简答题(共 30 分)

1. (6 分)①要有直流电动势,其极性须和晶闸管的导通方向一致,其值应大于变流器直流侧的平均电压;②要求晶闸管的控制角 $\alpha > \pi/2$,使 U_d 为负值。两者必须同时具备才能实现有源逆变。

2. (8 分)①所能处理电功率的大小,也就是其承受电压和电流的能力,一般都远大于处理信息的电子器件。

②为了减小本身的损耗,提高效率,一般都工作在开关状态。

③由信息电子电路来控制,而且需要驱动电路和隔离。强、弱电系统之间电气隔离,不共地,消除相互影响,减小干扰,提高可靠性。

④自身的功率损耗通常仍远大于信息电子器件。电力电子器件所能切换控制的功率很大,可达数千瓦,但本身所允许的功耗却只有 100 W 左右。因此,在其工作时一般都需要安装散热器,风冷或水冷。

3. (8 分)①器件换流:利用全控型器件的自关断能力进行换流。

②电网换流:电网提供换流电压的换流方式。

③负载换流:由负载提供换流电压的换流方式。负载电流的相位超前于负载电压的场合,都可实现负载换流,如电容性负载和同步电动机。

④强迫换流:设置附加的换流电路,给欲关断的晶闸管强迫施加反压或反电流的换流方式。通常利用附加电容上所储存的能量来实现,故也称电容换流。

4. (8 分)将正弦半波看成由 N 个彼此相连的脉冲宽度为 π/N,但幅值顶部是曲线且大小按正弦规律变化的脉冲序列组成的。把上述脉冲序列利用相同数量的等幅而不等宽的矩形脉冲代替,使矩形脉冲的中点和相应正弦波部分的中点重合,且使矩形脉冲和相应的正弦波部分面积(冲量)相等,这就是 PWM 波形。在给出了正弦波频率,幅值和半个周期内的脉冲数后,PWM 波形各脉冲的宽度和间隔就可准确计算出来。按照计算结果控制电路中各开关器件的通断,就可得到所需要的 PWM 波形。

四、计算分析题（共 50 分）

1. （14 分）① u_d、i_d 和 i_2 的波形如图所示。

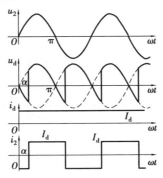

② 整流输出平均电压 U_d、电流 I_d 以及变压器二次侧电流有效值 I_2 分别为

$$U_d = 0.9 U_2 \cos \alpha = 0.9 \times 200 \times \cos 45° \text{ V} = 127.3 \text{ V}$$

$$I_d = (U_d - E)/R = (127.3 - 100)/2 \text{ A} = 13.65 \text{ A}$$

$$I_2 = I_d = 13.65 \text{ A}$$

③ 晶闸管承受的最大反向电压为

$$\sqrt{2} U_2 = 200 \sqrt{2} = 282.8 \text{ V}$$

流过每个晶闸管的电流的有效值为

$$I_{VT} = \frac{I_d}{\sqrt{2}} = 9.65 \text{ A}$$

故晶闸管的额定电压为

$$U_N = (2 \sim 3) \times 282.8 \text{ V} = 566 \sim 848 \text{ V}$$

晶闸管的额定电流为

$$I_N = (1.5 \sim 2) \times \frac{9.65}{1.57} \text{ A} = 9.22 \sim 12.29 \text{ A}$$

晶闸管额定电压和电流的具体数值可按晶闸管产品系列参数选取。

2. （6 分）由于 L 值极大，故负载电流连续，于是输出电压平均值为

$$U_o = \frac{t_{on}}{T} E = \frac{20 \times 200}{40} = 100 \text{ V}$$

输出电流平均值为

$$I_o = \frac{U_o - E_m}{R} = \frac{100 - 50}{10} \text{ A} = 5 \text{ A}$$

3. ① 总损耗为

$$4 \times \frac{1}{2} U_d I_d = 4 \times \frac{1}{2} \times 0.98 \times 20 \text{ W} = 39.2 \text{ W}$$

② 采用全波整流电路时

采用快恢复二极管时总损耗为

$$\frac{1}{2} \times U_d I_d = 0.98 \times 20 \text{ W} = 19.6 \text{ W}$$

采用肖特基二极管时总损耗为

$$\frac{1}{2} \times U_d I_d = 0.64 \times 20 \text{ W} = 12.8 \text{ W}$$

采用同步整流电路时,总损耗为

$$2 \times I^2 R = 2 \times \left(\frac{\sqrt{2}}{2} \times 20\right)^2 \times 0.018 \text{ W} = 7.2 \text{ W}$$

4.①全桥电路

	最大电压	最大电流	平均电流
开关 S	U_i	$\frac{N_2}{N_1} I_d$	$\frac{N_2}{2N_1} I_d$
整流二极管	$\frac{N_2}{N_1} U_i$	I_d	$\frac{1}{2} I_d$

②半桥电路

	最大电压	最大电流	平均电流
开关 S	U_i	$\frac{N_2}{N_1} I_d$	$\frac{N_2}{2N_1} I_d$
整流二极管	$\frac{N_2}{2N_1} U_i$	I_d	$\frac{1}{2} I_d$

③推挽电路（变压器原边总匝数为 2N1）

	最大电压	最大电流	平均电流
开关 S	$2U_i$	$\frac{N_2}{N_1} I_d$	$\frac{N_2}{2N_1} I_d$
整流二极管	$\frac{N_2}{N_1} U_i$	I_d	$\frac{1}{2} I_d$

《电力电子技术》自测试卷四参考答案

一、判断题(每题 1 分,共 10 分)

1. ×   2. ×   3. √   4. ×   5. ×   6. ×   7. ×   8. √   9. ×   10. √

二、填空题(每空 1 分,共 10 分)

1. GTR、1 W

2. 阻断、导通、阻断

3. 电阻、电感、反电动势

4. 关断过电压

5. $\alpha = \pi - \beta$

三、简答题(共 40 分)

1. (10 分)①普通晶闸管;②门极可关断晶闸管;③电力晶体管;④N 沟道的电力场效应管;⑤绝缘栅双极晶体管。

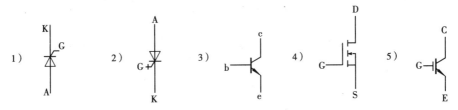

2. (8 分)

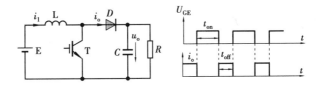

当 T 处于导通状态时,电源 E 向电感 L 充电,充电电流基本恒定位 I_1,同时电容 C 上的电压向负载 R 供电。因电容 C 值很大,基本保持输出电压 u_o 为恒定值,即为 U_o。

设 T 处于通态的时间为 t_{on},此阶段电感上积蓄的能量为 $EI_1 t_{on}$。

当 T 断态时 E 和 L 共同向电容 C 充电,并向负载 R 提供能量。

设 T 处于断态的时间为 t_{off},则在此期间电感 L 释放的能量为 $(U_o - E)I_1 t_{off}$。

当电路工作于稳态时,一个周期 T 中电感 L 积蓄的能量与释放的能量相等,即 $EI_1 t_{on} = (U_o - E)I_1 t_{off}$,化简后可得

$$U_o = \left[(t_{on} + t_{off})/t_{off} \right] E = (T/t_{off}) E$$

式中,$T/t_{off} \geqslant 1$,输出电压高于电源电压,故称该电路为升压斩波电路。

3. (6 分)电力 MOSFET 是电压驱动型器件。

电力 MOSFET 的栅源极间有数千皮法左右的极间电容,为快速建立驱动电压,要求驱动电路具有较小的输出电阻,使电力 MOSFET 开通的栅源极间驱动电压一般取 10 ~ 15 V。

关断时施加一定幅值的负驱动电压(一般取 $-5 \sim 15$ V)有利于减小关断时间和关断损耗。在栅极串入一只低值(数十欧姆)可减少寄生振荡,该电阻阻值应随被驱动器件电流额定值的增大而减小。

4.(4分)把直流电转变为交流电,当交流侧接在电网上即交流侧接在电源上,为有源逆变;把直流电转变为交流电,当交流侧直接和负载连接,为无源逆变。

5.(7分)三角波载波在信号波正半周期或负半周期里只有单一的极性,所得的 PWM 波形在半个周期中也只在单极性范围内变化,称为单极性 PWM 控制方式;三角波载波始终是有正有负为双极性的,所得的 PWM 波形在半个周期中有正、有负,则称为双极性 PWM 控制方式。

三相桥式 PWM 型逆变电路中,输出相电压有两种电平:$0.5U_\mathrm{d}$ 和 $-0.5U_\mathrm{d}$。输出线电压有3种电平:U_d,0,$-U_\mathrm{d}$。

6.(5分)如果没有谐振电感 $\mathrm{L_r}$,电路中的电容 C_{S_1}、C_{S_2} 与电感 L 仍可构成谐振电路,而电容 C_{S_3}、C_{S_4} 将无法与 $\mathrm{L_r}$ 构成谐振回路,这样,S_3、S_4 将变为硬开关,S_1、S_2 仍为软开关。

四、计算题(40分)

1.(12分)(a) $I_{\mathrm{d1}} = \dfrac{1}{2\pi}\displaystyle\int_{\frac{\pi}{4}}^{\pi} I_\mathrm{m}\sin(\omega t)\,\mathrm{d}(\omega t) = \dfrac{I_\mathrm{m}}{2\pi}\left(\dfrac{\sqrt{2}}{2}+1\right) \approx 0.271\,7I_\mathrm{m}$

$$I_1 = \sqrt{\dfrac{1}{2\pi}\int_{\frac{\pi}{4}}^{\pi}(I_\mathrm{m}\sin\omega t)^2\,\mathrm{d}(\omega t)} = \dfrac{I_\mathrm{m}}{2}\sqrt{\dfrac{3}{4}+\dfrac{1}{2\pi}} \approx 0.476\,7I_\mathrm{m}$$

(b) $I_{\mathrm{d2}} = \dfrac{1}{\pi}\displaystyle\int_{\frac{\pi}{4}}^{\pi} I_\mathrm{m}\sin\omega t\,\mathrm{d}(\omega t) = \dfrac{I_\mathrm{m}}{\pi}\left(\dfrac{\sqrt{2}}{2}+1\right) = 0.543\,4I_\mathrm{m}$

$$I_2 = \sqrt{\dfrac{1}{\pi}\int_{\frac{\pi}{4}}^{\pi}(I_\mathrm{m}\sin\omega t)^2\,\mathrm{d}(\omega t)} = \dfrac{\sqrt{2}I_\mathrm{m}}{2}\sqrt{\dfrac{3}{4}+\dfrac{1}{2\pi}} \approx 0.674\,1I_\mathrm{m}$$

(c) $I_{\mathrm{d3}} = \dfrac{1}{2\pi}\displaystyle\int_0^{\frac{\pi}{2}} I_\mathrm{m}\,\mathrm{d}(\omega t) = \dfrac{1}{4}I_\mathrm{m}$

$$I_3 = \sqrt{\dfrac{1}{2\pi}\int_0^{\frac{\pi}{2}} I_\mathrm{m}^2\,\mathrm{d}(\omega t)} = \dfrac{1}{2}I_\mathrm{m}$$

2.(13分)① u_d、i_d 和 i_2 的波形如图所示。

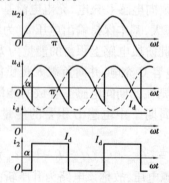

② 整流输出平均电压 U_d、电流 I_d 以及变压器二次侧电流有效值 I_2 分别为

$$U_\mathrm{d} = 0.9U_2\cos\alpha = 0.9 \times 200 \times \cos 45° \text{ V} = 127.3 \text{ V}$$

$$I_{\rm d} = (U_{\rm d} - E)/R = (127.3 - 100)/2\ {\rm A} = 13.65\ {\rm A}$$

$$I_2 = I_{\rm d} = 13.65\ {\rm A}$$

③晶闸管承受的最大反向电压为

$$\sqrt{2}U_2 = 200\sqrt{2} = 282.8\ {\rm V}$$

流过每个晶闸管的电流的有效值为

$$I_{\rm VT} = I_{\rm d}/\sqrt{2} = 9.65\ {\rm A}$$

故晶闸管的额定电压为

$$U_{\rm N} = (2 \sim 3) \times 282.8 = 566 \sim 848\ {\rm V}$$

晶闸管的额定电流为

$$I_{\rm N} = (1.5 \sim 2) \times 9.65/1.57 = 9.22 \sim 12.29\ {\rm A}$$

晶闸管额定电压和电流的具体数值可按晶闸管产品系列参数选取。

3.(5分)输出电压平均值为

$$U_{\rm o} = \frac{T}{t_{\rm off}}E = \frac{50}{50 - 20} \times 50\ {\rm V} = 83.3\ {\rm V}$$

输出电流平均值为

$$I_{\rm o} = \frac{U_{\rm o}}{R} = \frac{83.3}{25}\ {\rm A} = 3.332\ {\rm A}$$

4.（10分）$U_{\rm UN1m} = \dfrac{2U_{\rm d}}{\pi} = 0.637U_{\rm d} = 63.7\ {\rm V}$

$$U_{\rm UN1} = \frac{U_{\rm UN1m}}{\sqrt{2}} = 0.45U_{\rm d} = 45\ {\rm V}$$

$$U_{\rm UV1m} = \frac{2\sqrt{3}U_{\rm d}}{\pi} = 1.1U_{\rm d} = 110\ {\rm V}$$

$$U_{\rm UV1} = \frac{U_{\rm UV1m}}{\sqrt{2}} = \frac{\sqrt{6}}{\pi}U_{\rm d} = 0.78U_{\rm d} = 78\ {\rm V}$$

$$U_{\rm UV5} = \frac{U_{\rm UV1}}{5} = \frac{78}{5}\ {\rm V} = 15.6\ {\rm V}$$

《电力电子技术》自测试卷五参考答案

一、判断题(每题 1 分,共 10 分)

1. × 　2. × 　3. × 　4. × 　5. √ 　6. √ 　7. × 　8. √ 　9. × 　10. ×

二、填空题(每空 1 分,共 20 分)

1. $0 \rightarrow \pi$、$\varphi \rightarrow \pi$

2. 斩波

3. $\alpha = \pi - \beta$

4. 计算法、调制法、跟踪控制法

5. 减小

6. 有源、无源

7. 变换、控制

8. 开关状态

9. 晶闸管

10. 电子、空穴

11. 工频正弦半波电流

12. 电流不够大、耐压不够高

13. 维持电流

三、简答题(共 30 分)

1. (7 分)①电力二极管大都采用垂直导电结构,使得硅片中通过电流的有效面积增大,显著提高了二极管的通流能力。

②电力二极管在 P 区和 N 区之间多了一层低掺杂 N 区,也称漂移区。低掺杂 N 区由于掺杂浓度低而接近于无掺杂的纯半导体材料即本征半导体,由于掺杂浓度低,低掺杂 N 区就可以承受很高的电压而不被击穿。

2. (7 分)逆变运行时,一旦发生换流失败,外接的直流电源就会通过晶闸管电路形成短路,或者使变流器的输出平均电压和直流电动势变为顺向串联,由于逆变电路内阻很小,形成很大的短路电流,称为逆变失败或逆变颠覆。

防止逆变失败的方法有:采用精确可靠的触发电路,使用性能良好的晶闸管,保证交流电源的质量,留出充足的换向裕量角 β,等等。

3. (8 分)在电压型逆变电路中,当交流侧为阻感负载时需要提供无功功率,直流侧电容起缓冲无功能量的作用。为了给交流侧向直流侧反馈的无功能量提供通道,逆变桥各臂都并联了反馈二极管。当输出交流电压和电流的极性相同时,电流经电路中的可控开关器件流通,而当输出电压电流极性相反时,由反馈二极管提供电流通道。

在电流型逆变电路中,直流电流极性是一定的,无功能量由直流侧电感来缓冲。当需要从交流侧向直流侧反馈无功能量时,电流并不反向,依然经电路中的可控开关器件流通,因此不需要并联反馈二极管。

4.(8分)单相SPWM波形中所含的谐波频率为

$$n\omega_c \pm k\omega_r$$

式中,$n = 1,3,5,\cdots$时,$k = 0,2,4,\cdots$;$n = 2,4,6,\cdots$时,$k = 1,3,5,\cdots$。

在上述谐波中,幅值最高影响最大的是角频率为ω_c的谐波分量。

三相SPWM波形中所含的谐波频率为

$$n\omega_c \pm k\omega_r$$

式中,$n = 1,3,5,\cdots$时,$k = 3(2m-1)\pm 1,m = 1,2,\cdots$;

$$n = 2,4,6,\cdots 时,k = \begin{cases} 6m+1 & m = 0,1,\cdots \\ 6m-1 & m = 1,2,\cdots \end{cases}$$

在上述谐波中,幅值较高的是$\omega_c \pm 2\omega_r$和$2\omega_c \pm \omega_r$。

四、计算题(共40分)

1.(8分)注意到二极管的特点:承受电压为正即导通。因此,二极管承受的电压不会出现正的部分。在电路中器件均不导通的阶段,交流电源电压由晶闸管平衡。

整流二极管在一周内承受的电压波形如下图所示。

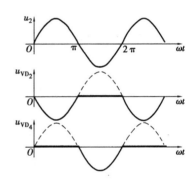

2.(15分)由题目已知条件可得

$$EI_1 t_{on} = (U_o - E)I_1 t_{off}$$

$$m = \frac{E_m}{E} = \frac{20}{100} = 0.2$$

$$\tau = \frac{L}{R} = \frac{0.001}{0.5} = 0.002$$

当$t_{on} = 10\ \mu s$时,有

$$\rho = \frac{T}{\tau} = \frac{20 \times 10^{-6}}{0.002} = 0.01$$

$$\alpha\rho = \frac{10}{20} \times 0.01 = 0.005$$

由于

$$\frac{e^{\alpha\rho} - 1}{e^{\rho} - 1} = 0.5 > m$$

故输出电流连续。

输出电压平均值为

$$U_o = \frac{t_{on}}{T}E = \frac{10 \times 100}{20}\ V = 50\ V$$

输出电流平均值为

$$I_o = \frac{U_o - E_m}{R} = \frac{50 - 20}{0.5}\ A = 60\ A$$

输出电流的最大和最小瞬时值分别为

$$I_{max} = \left(\frac{1 - e^{-\alpha\rho}}{1 - e^{-\rho}} - m\right)\frac{E}{R} = 60.5\ A$$

$$I_{min} = \left(\frac{e^{\alpha\rho} - 1}{e^{\rho} - 1} - m\right)\frac{E}{R} = 59.5\ A$$

3. (17 分)三相桥式不可控整流电路相当于三相桥式可控整流电路 $\alpha = 0°$ 时的情况,即

$$U_d = 2.34 U_2 \cos \alpha - \Delta U_d$$

$$\Delta U_d = 3 X_B I_d / \pi$$

$$I_d = U_d / R$$

解方程组得

$$U_d = 2.34 U_2 \cos \alpha / (1 + 3 X_B / \pi R) = 223.28 \text{ V}$$

$$I_d = 111.64 \text{ A}$$

又因为

$$\cos \alpha - \cos(\alpha + \gamma) = 2 I_d X_B / \sqrt{6} U_2$$

即得出

$$\cos \gamma = 0.91$$

换流重叠角

$$\gamma = 24.49°$$

二极管电流和变压器二次测电流的有效值分别为

$$I_{VD} = I_d / 3 = 111.64 / 3 \text{ A} = 37.21 \text{ A}$$

$$I_{2a} = \sqrt{\frac{2}{3}} I_d = 91.15 \text{ A}$$

u_d、i_{VD_1} 和 i_{2a} 的波形如图所示。

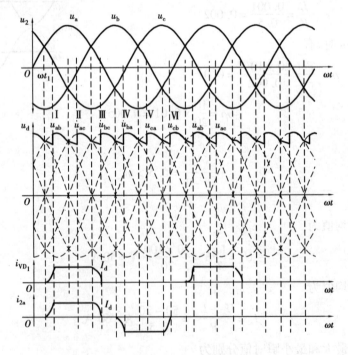

《电力电子技术》自测试卷六参考答案

一、填空题(每题 1 分,共 20 分)

1. 电子技术

2. 放大状态、开关状态

3. 工频正弦半波电流

4. 负信号、反向电流

5. 交流-交流、交流-直流-交流

6. 左

7. 接口、控制理论

8. 正向、触发

9. 计算法、调制法、跟踪控制法

10. 减小、续流二极管

11. 换流、换相

二、简答题(共 40 分)

1. (10 分)①普通晶闸管;②门极可关断晶闸管;③电力晶体管;④N 沟道的电力场效应管;⑤绝缘栅双极晶体管。

2. (6 分)①垂直导电结构:发射极和集电极位于基区两侧,基区面积大,很薄,电流容量很大。

②N-漂移区:集电区加入轻掺杂 N-漂移区,提高耐压。

③集电极安装于硅片底部,设计方便,封装密度高,耐压特性好。

3. (7 分)要求负载电流超前于电压,因此补偿电容要使负载过补偿,使负载电路总体上工作在容性,并略大失谐的情况。

假设在 t 时刻触发 VT_2、VT_3 使其导通,负载电压 u_o 就通过 VT_2、VT_3 施加在 VT_1、VT_4 上,使其承受反向电压关断,电流从 VT_1、VT_4 向 VT_2、VT_3 转移,触发 VT_2、VT_3 时刻 t 必须在 u_o 过零前并留有足够的裕量,才能使换流顺利完成。

4. (9 分)

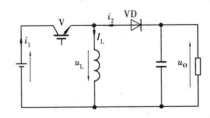

升降压斩波电路的基本原理:当可控开关 V 处于通态时,电源 E 经 V 向电感 L 供电使其储存能量,此时电流为 i_1,方向如图所示。同时,电容 C 维持输出电压基本恒定并向负载 R 供电。此后,使 V 关断,电感 L 中储存的能量向负载释放,电流为 i_2,方向如图所示。可见,负载电压极性为上负下正,与电源电压极性相反。

稳态时，一个周期 T 内电感 L 两端电压 u_L 对时间的积分为零，即

$$\int_0^T u_L dt = 0$$

当 V 处于通态期间，$u_L = E$；而当 V 处于断态期间，$u_L = -u_o$。于是

$$E t_{on} = U_o t_{off}$$

所以输出电压为

$$U_o = \frac{t_{on}}{t_{off}} E = \frac{\alpha}{1-\alpha} E$$

改变导通比 α，输出电压既可比电源电压高，也可比电源电压低。当 $0 < \alpha < 1/2$ 时，为降压；当 $1/2 < \alpha < 1$ 时，为升压。因此，将该电路称作升降压斩波电路。

5.(8分)电流跟踪型 PWM 变流电路就是对变流电路采用电流跟踪控制。也就是，不用信号波对载波进行调制，而是把希望输出的电流作为指令信号，把实际电流作为反馈信号，通过两者的瞬时值比较来决定逆变电路各功率器件的通断，使实际的输出跟踪电流的变化。

采用滞环比较方式的电流跟踪型变流器的特点如下：①硬件电路简单；②属于实时控制方式，电流响应快；③不用载波，输出电压波形中不含特定频率的谐波分量；④与计算法和调制法相比，相同开关频率时输出电流中高次谐波含量较多；⑤采用闭环控制。

三、计算题(共40分)

1.(5分)由于 L 值极大，故负载电流连续，于是输出电压平均值为

$$U_o = \frac{t_{on}}{T} E = \frac{20 \times 200}{40} \text{ V} = 100 \text{ V}$$

输出电流平均值为

$$I_o = \frac{U_o - E_m}{R} = \frac{100 - 50}{10} \text{ A} = 5 \text{ A}$$

2.(15分)$\alpha = 0°$ 时的输出电压最大，即

$$U_{omax} = \sqrt{\frac{1}{\pi} \int_0^\pi (\sqrt{2} U_1 \sin \omega t)^2 d(\omega t)} = U_1$$

此时负载电流最大，即

$$I_{omax} = \frac{U_{omax}}{R} = \frac{U_1}{R}$$

因此，最大输出功率为

$$P_{max} = U_{omax} \times I_{omax} = \frac{U_1^2}{R}$$

输出功率为最大输出功率的 80% 时，即

$$P = U_o I_o = \frac{U_o^2}{R} = 80\% \frac{U_1^2}{R}$$

此时

$$U_o = \sqrt{0.8} U_1$$

又由

$$U_o = U_1 \sqrt{\frac{\sin 2\alpha}{2\pi} + \frac{\pi - \alpha}{\pi}}$$

解得
$$\alpha = 60.54°$$

同理,输出功率为最大输出功率的50%时,即
$$U_o = \sqrt{0.5}U_1$$

又由
$$U_o = U_1\sqrt{\frac{\sin 2\alpha}{2\pi} + \frac{\pi - \alpha}{\pi}}$$

解得
$$\alpha = 90°$$

3. (6分)假设 VT_1 不能导通,整流电压 u_d 波形如图所示。

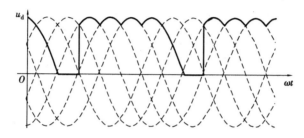

假设 VT_1 被击穿而短路,则当晶闸管 VT_3 或 VT_5 导通时,将发生电源相间短路,使得 VT_3、VT_5 也可能分别被击穿。

4. (14分) u_d、i_d、i_{VT}、i_{VD} 的波形如图所示。

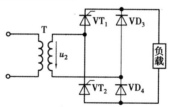

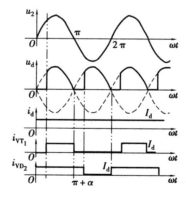

负载电压的平均值为
$$U_d = \frac{1}{\pi}\int_{\frac{\pi}{3}}^{\pi} \sqrt{2}U_2\sin \omega t\mathrm{d}(\omega t) = 0.9U_2\frac{1 + \cos(\pi/3)}{2} = 67.5 \text{ V}$$

负载电流的平均值为

$$I_d = U_d/R = 67.52/2 = 33.75 \text{ A}$$

流过晶闸管 VT_1、VT_2 的电流有效值为

$$I_{VT} = \sqrt{\frac{1}{3}} I_d = 19.49 \text{ A}$$

流过二极管 VD_3、VD_4 的电流有效值为

$$I_{VD} = \sqrt{\frac{2}{3}} I_d = 27.56 \text{ A}$$

《电力电子技术》自测试卷七参考答案

一、判断题(每题 1 分,共 10 分)

1. ×　2. ×　3. √　4. ×　5. √　6. √　7. √　8. √　9. ×　10. ×

二、填空题(每空 1 分,共 10 分)

1. 普通晶闸管、额定通态电流 50 A、重复峰值 700 V

2. 同步、时刻

3. 关断过电压

4. 越大、越大

5. 无功功率、并联电容

三、简答题(30 分)

1. (6 分)维持晶闸管导通的条件是使晶闸管的电流大于能保持晶闸管导通的最小电流,即维持电流,即 $I_A > I_H$。

关断条件:①去掉阳极所加的正向电压,或给阳极施加反向电压;②设法使流过晶闸管的电流降低到接近于零的某一数值以下,即 $I_A < I_H$。

2. (5 分)典型的宽禁带半导体材料有:碳化硅 氮化镓 金刚石等材料。性能方面,具有更高的耐受高压的能力,低得多的通态电阻,更好的导热性能和热稳定性,以及更强的耐受高温和射线辐射的能力。

3. (4 分)三相半波整流电路的共阴极接法与共阳极接法,a、b 两相之间换相的自然换相点不是同一点。它们在相位上相差 180°。

4. (10 分)按照逆变电路直流侧电源性质分类,直流侧是电压源的逆变电路称为电压型逆变电路,直流侧是电流源的逆变电路称为电流型逆变电路。

电压型逆变电路的主要特点是:①直流侧为电压源或并联有大电容,相当于电压源。直流侧电压基本无脉动,直流回路呈现低阻抗。②由于直流电压源的钳位作用,交流侧输出电压波形为矩形波,并且与负载阻抗角无关。而交流侧输出电流波形和相位因负载阻抗情况的不同而不同。③当交流侧为阻感负载时需要提供无功功率,直流侧电容起缓冲无功能量的作用。为了给交流侧向直流侧反馈的无功能量提供通道,逆变桥各臂都并联了反馈二极管。

电流型逆变电路的主要特点是:①直流侧串联有大电感,相当于电流源。直流侧电流基本无脉动,直流回路呈现高阻抗。②电路中开关器件的作用仅是改变直流电流的流通路径,因此交流侧输出电流为矩形波,并且与负载阻抗角无关。而交流侧输出电压波形和相位则因负载阻抗情况的不同而不同。③当交流侧为阻感负载时需要提供无功功率,直流侧电感起缓冲无功能量的作用。因为反馈无功能量时直流电流并不反向,因此不必像电压型逆变电路那样要给开关器件反并联二极管。

5. (5 分)电力电子器件的驱动电路是电力电子主电路与控制电路之间的接口,是电力电子装置的重要环节,对整个装置的性能有很大的影响。采用性能良好的驱动电路可使电力电子器件工作在比较理想的开关状态,可缩短开关时间,减小开关损耗,对装置的运行效率、可靠性和安全性都有着重要意义。另外,对电力电子器件或整个装置的一些保护措施也往往设在驱动电路中,或者通过驱动电路来实现,这就使得驱动电路的设计更为重要。

四、计算分析题(共 50 分)

1. (15 分)考虑 L_B 时,有

$$U_d = 1.17U_2 \cos \alpha - \Delta U_d$$
$$\Delta U_d = 3X_B I_d / 2\pi$$
$$I_d = (U_d - E)/R$$

解方程组得

$$U_d = 94.63 \text{ V}$$
$$\Delta U_d = 6.7 \text{ V}$$
$$I_d = 44.63 \text{ A}$$

又因为

$$\cos \alpha - \cos(\alpha + \gamma) = 2I_d X_B / \sqrt{6} U_2$$

即得出

$$\cos(30° + \gamma) = 0.752$$

换流重叠角

$$\gamma = 41.28° - 30° = 11.28°$$

u_d 与 i_{VT_1} 和 i_{VT_2} 的波形如图所示。

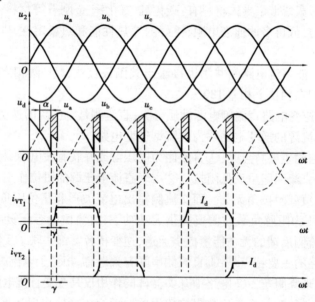

2. (10 分)由题意可列出以下 3 个等式

$$U_d = 2.34U_2 \cos(\pi - \beta) - \Delta U_d$$
$$\Delta U_d = 3X_B I_d / \pi$$
$$I_d = (U_d - E_M)/R$$

三式联立求解,得

$$U_d = -290.3 \text{ V}$$

$$I_\mathrm{d} = 109.7 \text{ A}$$

由下式可计算换流重叠角

$$\cos \alpha - \cos(\alpha + \gamma) = 2X_\mathrm{B}I_\mathrm{d}/\sqrt{6}U_2 = 0.127\ 9$$

$$\cos(120° + \gamma) = 0.627\ 9$$

$$\gamma = 128.90° - 120° = 8.90°$$

送回电网的有功功率为

$$P = |E_\mathrm{M}I_\mathrm{d}| - I_\mathrm{d}^2R = 400 \times 109.7 \text{ kW} - 109.7^2 \times 1 \text{ kW} = 31.85 \text{ kW}$$

3. (15 分)电流可逆斩波电路中,V_1 和 VD_1 构成降压斩波电路,由电源向直流电动机供电,电动机为电动运行,工作于第 1 象限;V_2 和 VD_2 构成升压斩波电路,把直流电动机的动能转变为电能反馈到电源,使电动机作再生制动运行,工作于第 2 象限。

各阶段器件导通情况及电流路径等如下:

V_1 导通,电源向负载供电

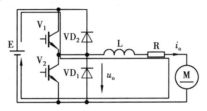

V_1 关断,VD_1 续流

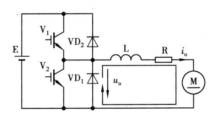

V_2 导通,L 上蓄能

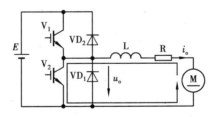

V_2 关断,VD_2 导通,向电源回馈能量

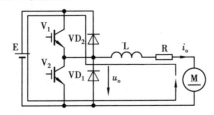

4. (10 分) ①器件换流

② $t_1 \rightarrow t_2 : V_1$ $t_2 \rightarrow t_3 : VD_2$

$t_3 \rightarrow t_4 : V_2$ $t_4 \rightarrow t_5 : VD_1$

③相同、相反、反馈二极管、续流二极管

《电力电子技术》自测试卷八参考答案

一、判断题(每题1分,共15分)

1. ×　2. √　3. ×　4. ×　5. ×　6. √　7. √　8. √　9. ×　10. √　11. √　12. ×　13. ×　14. √　15. √

二、填空题(每空1分,共15分)

1. GTO、GTR、MOSFET、IGBT

2. 电流不够大、耐压不够高

3. 维持电流

4. 左

5. 斩波

6. 正弦波、锯齿波

7. 交流-交流、交流-直流-交流

8. $0 \to \pi, \varphi \to \pi$

三、简答题(共30分)

1. (6分)单相桥式全控整流电路,其整流输出电压中含有 $2k(k=1,2,3,\cdots)$ 次谐波,其中幅值最大的是2次谐波。变压器二次侧电流中含有 $2k+1(k=1,2,3,\cdots)$ 次即奇次谐波,其中主要的有3次、5次谐波。

2. (10分)GTO和普通晶闸管同为PNPN结构,由 $P_1N_1P_2$ 和 $N_1P_2N_2$ 构成两个 V_1、V_2,分别具有共基极电流增益 α_1 和 α_2,由普通晶闸管的分析可得,$\alpha_1 + \alpha_2 = 1$,是器件临界导通的条件。$\alpha_1 + \alpha_2 > 1$,两个等效晶体管过饱和而导通;$\alpha_1 + \alpha_2 < 1$,不能维持饱和导通而关断。

GTO之所以能够自行关断,而普通晶闸管不能,是因为GTO与普通晶闸管在设计和工艺方面有以下3点不同:

①GTO在设计时 α_2 较大,这样晶体管 V_2 控制灵敏,易于GTO关断。

②GTO导通时 $\alpha_1 + \alpha_2$ 更接近于1,普通晶闸管 $\alpha_1 + \alpha_2 \geq 1.5$,而GTO则为 $\alpha_1 + \alpha_2 \approx 1.05$,GTO的饱和程度不深,接近于临界饱和,这样为门极控制关断提供了有利条件。

③多元集成结构使每个GTO元阴极面积很小,门极和阴极间的距离大为缩短,使得 P_2 极区所谓的横向电阻很小,从而使从门极抽出较大的电流成为可能。

3. (6分)多相多重斩波电路因在电源与负载间接入了多个结构相同的基本斩波电路,使得输入电源电流和输出负载电流的脉动次数增加、脉动幅度减小,对输入和输出电流滤波更容易,滤波电感减小。此外,多相多重斩波电路还具有备用功能,各斩波单元之间互为备用,总体可靠性提高。

4. (8分)在PWM整流电路中,间接电流控制是按照电源电压、电源阻抗电压及PWM整流器输入端电压的相量关系来进行控制,使输入电流获得预期的幅值和相位,由于不需要引入交流电流反馈,因此称为间接电流控制。

直接电流控制中,首先求得交流输入电流指令值,再引入交流电流反馈,经过比较进行跟踪控制,使输入电流跟踪指令值变化。因为引入了交流电流反馈而称为直接电流控制。

采用滞环电流比较的直接电流控制系统结构简单,电流响应速度快,控制运算中未使用电路参数,系统鲁棒性好,因而获得较多的应用。

四、计算题(共 40 分)

1. (15 分)考虑 L_B 时,有

$$U_d = 0.9U_2\cos\alpha - \Delta U_d$$

$$\Delta U_d = 2X_B I_d / \pi$$

$$I_d = (U_d - E)/R$$

解方程组得

$$U_d = 44.55 \text{ V}$$

$$\Delta U_d = 0.455 \text{ V}$$

$$I_d = 4.55 \text{ A}$$

又因为

$$\cos\alpha - \cos(\alpha + \gamma) = \sqrt{2}I_d X_B / U_2$$

即得出

$$\cos(60° + \gamma) = 0.4798$$

换流重叠角

$$\gamma = 61.33° - 60° = 1.33°$$

最后,作出整流电压 U_d 的波形如图所示。

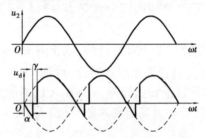

2. (10 分)由题目已知条件可得

$$m = \frac{E_M}{E} = \frac{10}{100} = 0.1$$

$$\tau = \frac{L}{R} = \frac{0.001}{0.5} = 0.002$$

当 $t_{on} = 5\mu s$ 时,有

$$\rho = \frac{T}{\tau} = 0.01$$

$$\alpha\rho = 0.0025$$

由于

$$\frac{e^{\alpha\rho} - 1}{e^{\rho} - 1} = \frac{e^{0.0025} - 1}{e^{0.01} - 1} = 0.25 > m$$

故输出电流连续。

此时,输出平均电压为

$$U_{\mathrm{o}} = \frac{t_{\mathrm{on}}}{T}E = \frac{100 \times 5}{20}\ \mathrm{V} = 25\ \mathrm{V}$$

输出平均电流为

$$I_{\mathrm{o}} = \frac{U_{\mathrm{o}} - E_{\mathrm{M}}}{R} = \frac{25 - 10}{0.5}\ \mathrm{A} = 30\ \mathrm{A}$$

3. (15 分) $\alpha = 0°$ 时的输出电压最大,即

$$U_{\mathrm{omax}} = \sqrt{\frac{1}{\pi}\int_0^{\pi} (\sqrt{2}U_1 \sin \omega t)^2 \mathrm{d}\omega t} = U_1$$

此时负载电流最大,即

$$I_{\mathrm{omax}} = \frac{U_{\mathrm{omax}}}{R} = \frac{U_1}{R}$$

因此,最大输出功率为

$$P_{\mathrm{max}} = U_{\mathrm{omax}} \times I_{\mathrm{omax}} = \frac{U_1^2}{R}$$

输出功率为最大输出功率的 80% 时,有

$$P = U_{\mathrm{o}}I_{\mathrm{o}} = \frac{U_{\mathrm{o}}^2}{R} = 80\% \frac{U_1^2}{R}$$

此时

$$U_{\mathrm{o}} = \sqrt{0.8}U_1$$

又由

$$U_{\mathrm{o}} = U_1 \sqrt{\frac{\sin 2\alpha}{2\pi} + \frac{\pi - \alpha}{\pi}}$$

解得

$$\alpha = 60.54°$$

同理,输出功率为最大输出功率的 50% 时,有

$$U_{\mathrm{o}} = \sqrt{0.5}U_1$$

又由

$$U_{\mathrm{o}} = U_1 \sqrt{\frac{\sin 2\alpha}{2\pi} + \frac{\pi - \alpha}{\pi}}$$

解得

$$\alpha = 90°$$

《电力电子技术》自测试卷九参考答案

一、选择题(每题 2 分,共 20 分)

1. C 2. B 3. D 4. C 5. C 6. C 7. C 8. C 9. B 10. B

二、填空题(每空 1 分,共 10 分)

1. 通用、晶闸管

2. $0.45U_2\dfrac{1+\cos\alpha}{2}$、$1.17U_2\cos\alpha$

3. 断续、反极性

4. 接口、控制理论

5. 正向、触发

三、简答题(共 30 分)

1. (6 分)三相桥式全控整流电路的整流输出电压中含有 $6k(k=1,2,3,\cdots)$ 次的谐波,其中,幅值最大的是 6 次谐波。变压器二次侧电流中含有 $6k\pm1(k=1,2,3,\cdots)$ 次的谐波,其中主要的是 5、7 次谐波。

2. (7 分)带来的益处:装置体积减小、可靠性提高、使用方便、维护成本低,更重要的是对工作频率较高的电路,还可大大减小线路电感,从而简化对保护和缓冲电路的要求。

功率集成电路与集成电力电子模块实现集成的思路的不同:前者是将所有的东西都集成于一个芯片当中(芯片集成),而后者则是将一系列的器件集成为一个模块来使用(封装集成)。

3. (10 分)规则采样法是按照固定的时间间隔对调制波的大小进行采样,并认为两次采样之间调制波大小不变,由此计算出对应的脉冲宽度,确定开关时刻的方法。其效果接近自然采样法,但计算量比自然采样法小很多,因此应用广泛。

规则采样法的基本思路是:取三角波载波两个正峰值之间为一个采样周期。使每个 PWM 脉冲的中点和三角波一周期的中点(即负峰点)重合,在三角波的负峰时刻对正弦信号波采样而得到正弦波的值,用幅值与该正弦波值相等的一条水平直线近似代替正弦信号波,用该直线与三角波载波的交点代替正弦波与载波的交点,即可得出控制功率开关器件通断的时刻。

比起自然采样法,规则采样法的计算非常简单,计算量大大减少,而效果接近自然采样法,得到的 SPWM 波形仍然很接近正弦波,克服了自然采样法难以在实时控制中在线计算,在工程中实际应用不多的缺点。

4. (7 分)高频化可减小滤波器的参数,并使变压器小型化,从而有效地降低装置的体积和质量。使装置小型化,轻量化是高频化的意义所在。提高开关频率,周期变短,可使滤除开关频率中谐波的电感和电容的参数变小,从而减轻了滤波器的体积和质量;对于变压器来说,当输入电压为正弦波时,$U=4.44fNBS$,当频率 f 提高时,可减小 N、S 参数值,从而减小了变压器的体积和质量。

四、计算分析题(共 40 分)

1. (10 分)需使电动机工作于反转电动状态时,由 V_3 和 VD_3 构成的降压斩波电路工作,

此时需要 V_2 保持导通,与 V_3 和 VD_3 构成的降压斩波电路相配合。

当 V_3 导通时,电源向 M 供电,使其反转电动,电流路径如下:

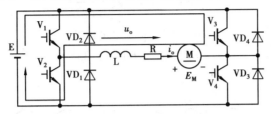

当 V_3 关断时,负载通过 VD_3 续流,电流路径如下:

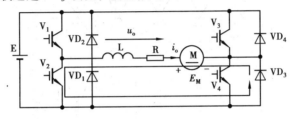

2. (10 分)① $wL = 2\pi \times 50 \times 2 \times 10^{-3} = 0.628\ \Omega$

$$R = 0.5\ \Omega, \varphi = \arctan \frac{\omega L}{R} = 51.47°$$

开通角 α 的变化范围 $51.47° \leqslant \alpha \leqslant 180°$。

②负载电流的最大有效值发生在 $\alpha = \varphi$ 时,负载电流是正弦波

$$I_o = \frac{U_1}{\sqrt{R^2 + (\omega L)^2}} = \frac{220}{\sqrt{0.5^2 + 0.628^2}}\ A = 273.97\ A$$

③ $P_{max} = I_o^2 R = 37.53\ kW$

$$\lambda = \frac{P}{S} = \frac{P_{max}}{U_1 I_o} = \cos\varphi = 0.62$$

3. (20 分)①当 $L_B = 0$ 时

$$U_d = 2.34 U_2 \cos\alpha = 2.34 \times 220 \times \cos 60°\ V = 257.4\ V$$

$$I_d = \frac{U_d - E}{R} = \frac{257.4 - 200}{1}\ A = 57.4\ A$$

②当 $L_B = 1\ mH$ 时

$$U_d = 2.34 U_2 \cos\alpha - \Delta U_d$$

$$\Delta U_d = \frac{3 X_B I_d}{\pi}$$

$$I_d = \frac{U_d - E}{R}$$

解方程组得

$$U_d = 244.15\ V$$

$$I_d = 44.15\ A$$

$$\Delta U_d = 13.25\ V$$

又因为

$$\cos\alpha - \cos(\alpha+\gamma) = \frac{2X_BI_d}{\sqrt{6}U_2}$$

$$\cos(60° + \gamma) = 0.448\ 5$$

$$\gamma = 63.35° - 60° = 3.35°$$

u_d、i_{VT_1} 和 i_{VT_2} 的波形如图所示。

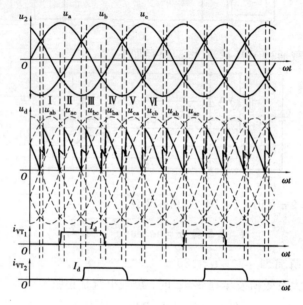

《电力电子技术》自测试卷十参考答案

一、选择题（每题 2 分，共 20 分）

1. C　2. A　3. B　4. B　5. A　6. B　7. B　8. B　9. B　10. C

二、判断题（每题 1 分，共 10 分）

1. ×　2. ×　3. ×　4. √　5. ×　6. √　7. ×　8. ×　9. √　10. ×

三、填空题（每空 1 分，共 10 分）

1. 基础、核心

2. 相同结构、斩波电路

3. 断续、连续

4. 变换、控制

5. 减小、续流二极管

四、综合题（60 分）

1. (5 分)由于晶闸管的过电流、过电压承受能力比一般电机电器产品要小得多，使用中除了要采取必要的过电流、过电压等保护措施外，在选择晶闸管额定电压、电流时还应留有足够的安全裕量。另外，使用晶闸管时，还应严格遵守规定要求。此外，还要定期对设备进行维护，如清除灰尘、拧紧接触螺钉等。严禁用兆欧表检查晶闸管的绝缘情况。

2. (5 分)把交流电变为直流电的过程，称为整流；把直流电变为交流电的过程，称为逆变；将直流电变为和电网同频率的交流电并反送到交流电网去的过程，称为有源逆变；将直流电变为交流电直接供给负载使用的过程，称为无源逆变。

3. (5 分)在有环流反并联可逆电路中，为了防止在两组变流器中出现环流，当一组工作在整流状态时，另一组必须工作在逆变状态，并且 $\alpha = \beta$，也就是两组变流器的控制角之和必须保持 180°，才能使两组直流侧电压大小相等方向相反。这种运行方式称为 $\alpha = \beta$ 工作制。

4. (8 分)内部结构相似之处：IGBT 内部结构包含了 MOSFET 内部结构。

内部结构不同之处：IGBT 内部结构有注入 P 区，MOSFET 内部结构则无注入 P 区。

开关特性的相似之处：IGBT 开关大部分时间由 MOSFET 运行，特性相似。开关特性的不同之处：IGBT 的注入 P 区有电导调制效应，有少子储存现象，开关慢。

5. (12 分)①u_d、i_d 和 i_{VT_1} 的波形如图所示。

②U_d、I_d、I_{dVT} 和 I_{VT} 分别为

$$U_d = 2.34 U_2 \cos \alpha = 2.34 \times 100 \times \cos 60° \text{ V} = 117 \text{ V}$$

$$I_d = U_d / R = 117/5 \text{ A} = 23.4 \text{ A}$$

$$I_{dVT} = I_d / 3 = 23.4/3 \text{ A} = 7.8 \text{ A}$$

$$I_{VT} = I_d / \sqrt{3} = 23.4 / \sqrt{3} \text{ A} = 13.51 \text{ A}$$

6. (15 分)①$\varphi = \arctan \dfrac{\omega L}{R} = \arctan \dfrac{2\pi \times 50 \times 2 \times 10^{-3}}{0.5} = 51.47°$

所以触发延迟角 α 的变化范围为 51.47°≤α≤180°。

②负载电流的最大有效值发生在 $\alpha = \varphi$ 时，负载电流是正弦波

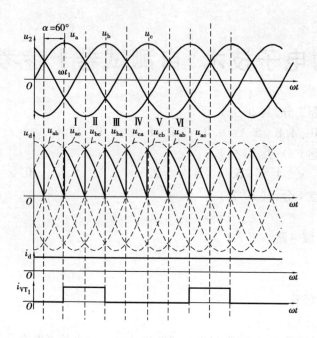

$$I_o = \frac{U_1}{\sqrt{R^2 + (\omega L)^2}} = \frac{220}{\sqrt{0.5^2 + 0.628^2}} \text{ A} = 273.97 \text{ A}$$

③$P_{max} = I_o^2 R = 37.53 \text{ kW}$

$$\lambda = \frac{P}{S} = \frac{p_{max}}{U_1 I_o} = \cos \varphi = 0.62$$

④由公式 $\sin(a + \theta - \varphi) = \sin(a - \varphi) e^{-\frac{\theta}{\tan \varphi}}$，当 $\alpha = \frac{\pi}{2}$ 时,得

$$\cos(\theta - \varphi) = e^{-\frac{\theta}{\tan \varphi}} \cos \varphi$$

对上式 θ 求导得

$$-\sin(\theta - \varphi) = -\frac{1}{\tan \varphi} e^{-\frac{\theta}{\tan \varphi}} \cos \varphi$$

再则由 $\sin^2(\theta - \varphi) + \cos^2(\theta - \varphi) = 1$,得

$$e^{-\frac{2\theta}{\tan \varphi}} \left(1 + \frac{1}{\tan^2 \varphi}\right) \cos^2 \varphi = 1$$

解得晶闸管导通角

$$\theta = -\tan \varphi \ln \tan \varphi = 136°$$

晶闸管的电流有效值

$$I_{VT} = \frac{U_1}{\sqrt{2\pi} Z} \sqrt{\theta - \frac{\sin \theta \cos(2\alpha + \varphi + \theta)}{\cos \varphi}} = 123 \text{ A}$$

电源侧功率因素

$$\cos \lambda = \frac{U_o I_o}{U_1 I_o} = \frac{U_o}{U_1} = \sqrt{\frac{\theta}{\pi} - \frac{\sin 2\alpha - \sin(2\alpha + 2\theta)}{\pi}} = 0.66$$

7.（10 分）①器件换流

② $t_1 \rightarrow t_2 : V_1 V_4$　　　　　　　$t_2 \rightarrow t_3 : VD_2 VD_3$

$t_3 \rightarrow t_4 : V_2 V_3$　　　　　　$t_4 \rightarrow t_5 : VD_1 VD_4$

③相同、相反、反馈二极管、续流二极管

参考文献

[1] 王兆安.电力电子技术[M].5 版.北京:机械工业出版社,2009.

[2] 裴云庆,等.电力电子技术学习指导习题集及仿真[M].北京:机械工业出版社,2012.

[3] 孙丽玲,许伯强,李亚斌.电力电子技术习题解析[M].北京:中国电力出版社,2011.

[4] 李先允,陈刚.电力电子技术习题集[M].北京:中国电力出版社,2007.